TFP建筑设计有限公司开启
司于1991年在香港建立了办
7年光景。这代表着公司已
相关工程设计及总体规划方
韩国、新加坡、马来西亚、
利亚、印度和南非的广大地
貌。TFP的建筑均以创新技术
历史、背景和憧憬的全面理
体需求为出发点。

UK>HK FARRELLS 场所营造

伦敦—香港—远方

【英】TFP Farrells 建筑设计公司 编著

吴 晨 译

中国建筑工业出版社

著作权合同登记图字：01−2010−3003号

图书在版编目（CIP）数据

UK>HK FARRELLS 场所营造：伦敦—香港—远方/（英）TFP Farrells 建筑设计公司编著；吴晨译. —北京：中国建筑工业出版社，2010.6
ISBN 978-7-112-12105-2

I.①U… Ⅱ.①T… ②吴… Ⅲ.①建筑设计−研究 Ⅳ.①TU2

中国版本图书馆CIP数据核字（2010）第091951号

责任编辑：姚丹宁　率　琦
责任校对：关　键　王雪竹

UK>HK
FARRELLS 场所营造
伦敦—香港—远方
[英] TFP Farrells 建筑设计公司　编著
吴晨　译

*
中国建筑工业出版社出版、发行（北京西郊百万庄）
各地新华书店、建筑书店经销
北京嘉泰利德公司制版
恒美印务（广州）有限公司印刷
*
开本：880×1230毫米　1/12　印张：$17\frac{1}{3}$　插页：1　字数：636千字
2010年7月第一版　2010年7月第一次印刷
定价：135.00元
ISBN 978-7-112-12105-2
（19436）

（邮政编码　100037）

目录

致 谢

本书的项目经理为香港TFP Farrells建筑设计有限公司的Sheree Wong，美术指导为Sonia Chow。文稿是由Adele Rosi 在Gavin Erasmus 指导下完成的。前期调查研究和概要介绍由Sheree Wong 和Celia Ying 整理。

非常感谢所有在香港公司工作的人们，这本书是你们心血的结晶。尤其感谢对本书的项目描述和创造性工作作出贡献的Stefan Krummeck, John Campbell, Ben Lau, Joey Wong, Chen Wu, Felix Li, Kevin Begg，Patrick Yue 和Chris Yee，以及TFP Farrells建筑设计有限公司伦敦办事处的Catherine Murphy 和Emma Davies，他们对本书的完成帮助很大。

感谢Terry Farrell爵士，正是因为他的鼓舞和激励，我们创作了这本书。

在这里我们还要感谢本书的出版商——中国建筑工业出版社，谢谢他们的指导和建议。

在本书的整个编著过程中，香港办事处在很多国家和城市与很多客户通力合作，完成了很多既有趣又充满挑战性的项目。我们感谢你们的支持、鼓励和贡献，这推动了整个项目的成功。

在本书的中文版中，Becky Lee 担任项目经理，Jo Farrell 与 Sheree Wong 参与支援及担当顾问，Wu Chen 担任翻译并承担了在中国的协调工作。

—Gavin Eresmus
TFP Farrells建筑设计有限公司, 香港
2010年

中文版本备注：
本书第一版于2008年在香港以英语出版。为庆祝我们在中国工作超过18年，我们推出了本书最新版的中文版本，更新的内容包括我们在香港的项目中的部分资料，凌霄阁、九龙站、英国总领事馆与英国文化委员会。同时，我们还增加了一些其他项目的图片和资料介绍，包括大梅沙京基喜来登度假酒店、京基金融中心、东亚银行金融中心、北京南站、广州南站、中国石油集团总部以及关于国立果川科学馆和Gautrain项目的最新图片资料。

序言

很高兴向大家介绍这本书的中文版。因为我的太太是中国人，而我们在中国项目的中心地点又是北京、上海、广州和深圳及很多其他城市，所以我与中国已经有了20多年的渊源。我首次游览环太平洋和亚洲地区是在20世纪60年代中期，当时还是一名学生。在美国完成研究生学业后，我向英国皇家建筑师学会申请奖学金，最终如愿以偿，使我能够游览并了解这些地方。

那是1964年，正值东京举办奥运会，它是首批以主要体育赛事为契机来推动都市创新发展的城市之一，即使是在20世纪60年代，也可明显感觉到该地区正在迈入快速发展、成长和变革的时期。我还参加了京都、曼谷、香港和德里，研究其城镇规划和大型住房项目，这与我后来的工程主题极其一致。

首次游览香港时，我站在这片土地上，遥望深圳。当时深圳只是一片稻田，一个寂静的小渔村。现在，谁又能够想象45年之后的中国会发生怎样的变化；目前，在“最大、最快”的驱动下，我们正在向有史以来国家的现代化和人类最大规模的城市化迈进。现在，它推动了全球的变化，并极大地影响着我所熟知和钟爱的领域。我亲眼目睹了深圳成为一个拥有700多万人口的现代化大都市，并伴随着北京最壮观的奥运会和现今的上海世博会，见证了中国在世界舞台上大放异彩。

1990年，TFP在香港设立了办事处，代表香港上海大酒店为山顶游客中心完成中标设计。20年过去了，该办事处一直呈现欣欣向荣的局面，我们已将业务范围拓展到中国内地、印度、马来西亚、新加坡、澳大利亚和南非的广泛领域。

香港和北京（最近）一直是我旅行和工作的中心地点，它们见证着环太平洋地区在近代发生的一切。香港融合了西方和当地文化，使城镇规划理念和建筑相合二为一，并根据地区影响和势力适时进行调整。北京在其古老规划的基础上，做出适时调整，力求成为现代化的国际大都市。优秀城市建筑规划和营造的基本理念是关键因素，并一直是质量的保证。

最令人激动的当属火车站、机场和其他大型运输项目及人居环境（如商业楼和住房）的设计工作，通用的国际特色在一个城市的文化和背景中深深扎根，构成其独特之处。

我们业务中一个恒久不变的理念就是在场所营造中实现城市化，城市设计、城镇规划或简单称之为发展，它们贯穿于我的整个一生。了解了何种因素促成现今地区的形成就意味着了解了地球每个特定区域的特征及与之相关的实际。日新月异的模式、管理和交通方式的变化重新塑造了我们对都市地区的理解，因为人们之间的联系不断扩大并变得轻而易举，从而转变了我们对距离和可达性的认识。模式的相互变化使其以自己的意愿成就了不断增加的城镇和地区，从而影响整个城市的发展并充实了其活力。

在本书中，大部分内容都是由香港公司收集、组织与编写的，它概括了过去和现在的项目，描述了公司业务如何从20世纪90年代初发展为涵盖多个国家与大量各类项目的发展史。全书重点讲述城市设计和建筑之间的关系，这点无论在伦敦还是香港公司都是恒久不变的一个主题。

—泰瑞·法瑞爵士（Sir Terry Farrells）

第一部分

中国香港与中国内地

香港本身的场所精神仍然是一片空白。繁忙的船只来来往往，构成了引人注目的一道风景。这种多样性使我想起了珊瑚礁生态系统，它富含海洋生命，以超乎寻常的多样性使周围区域欣欣向荣，而这一切皆因为丰富的生态环境使其变得可能。

场所：场所营造的故事　—泰瑞·法瑞爵士

香港

·凌霄阁·英国总领事馆与英国文化委员会·TFP铁路纪事
·九龙站·九龙通风塔·西铁技术研究·荃湾西站
·九龙南线站可行性分析·九龙南线物业开发研究
·北环线及广深港高速铁路线项目可行性初步研究
·铜锣湾地下步行通道与车站改造方案可行性研究
·九广铁路沙田至中环站与铜锣湾北站·MTRC车站改造项目
·绿色重建措施·半山住宅大厦重建计划·摩星岭别墅

香 港

当我过去观看着这个仍然处于萌芽状态的"世界城市"时，我怎么也不会想到，它的国民生产总值最终会超过某些国家的整体国民生产总值.在接下来的 40 年中，香港的发展突飞猛进，速度不断攀升，范围不断扩大。其地方资源确保了在英国殖民者 1997 年离开后，香港能够成为中国最富裕的地方——泰瑞 · 法瑞爵士

香港城市的快速发展在 1964 年(**上图**)和 1999 年(**下图**)的城市鸟瞰图中特别明显。
高层建筑呈几何增加，维多利亚港的填海区也已改变了九龙半岛的外形。

一想到香港，脑海中可能就会浮现出一座充满活力和摩天大楼耸立的繁华都市。香港的生活方式、观念和思维融合了东西方元素，发展速度惊人，与泰瑞·法瑞爵士首次到访的香港相比，如今的香港几乎再也无法找到原来的影子。

多年来，雄心勃勃的开发商抓住香港城市发展趋势，在有限的可开发土地上努力满足快速增长的人口的需求。只要没有高度限制，建筑物总是建到所能达到的最大高度——因此产生了高密度的层层楼宇——或在可能的时候向一旁延伸。开发商抓住每个机遇在陡峭的山坡或半山上展开建设，通过巧妙的设计和建造方式解决了香港特殊的地形限制问题。

当现有土地用尽后，人们又填海造就了维多利亚海湾两侧的大片土地，使香港岛和九龙半岛的地理构造发生了巨大改变。此外，香港的城镇和交通规划彼此独立存在，仅需城市规划师填补道路之间的间隙即可。但结果却造成环境破坏，城市规划杂乱不堪。随着旅行的发展，高速公路的发展并未得到改善。

20 世纪 80 年代末和 90 年代初经济大萧条席卷英国，香港却得到了突飞猛进的发展。其基础设施发展迅速而且规模宏大，并建造了赤鱲角机场来代替老化的启德机场，使香港成为世界上最富效率的城市之一。楼价速度一路飙升，创造了历史新高，但随后又并未持续下去。

香港拥有 40 多年的城市规划、综合和交通发展经验。TFP 于 1991 年在香港设立了亚洲公司，并在国际竞赛中赢得了凌霄阁的设计权——凌霄阁的形象被印在 20 港币钞票上，它已成为香港的标志性建筑。此后不久，TFP 接受委托设计了位于金钟的英国总领事馆，设计随坡就势，建筑可容纳 75 人办公。

经历此高潮后，香港在 1997 年的亚洲金融危机中陷入了低迷。建筑界遭受了巨大的财产损失，当地业务苦苦挣扎，香港过度的地产开发被迫降低速度并趋于成熟。

>>

香港岛的地平线和陆地在2007年继续扩张和发展。

在此时期内，TFP 忙于铁路项目设计，并自 1987 年承担伦敦查林十字街的更新和总体规划项目后开始了铁路建筑设计“旅程”。受香港地下铁路公司（MTRC）委托，TFP 负责设计九龙站及其总体规划开发，随后又在 1997 年香港回归之前对九龙半岛西侧的九龙角开发进行了大量的可行性研究。

尽管因为政府政策、公众态度和填海问题发生变化而使某些方案未能得以实施，TFP 继续参与香港周边有关交通项目。1997 年，公司对西铁进行了技术研究，并对中国内地和九龙之间的七个超过规定和不符合规定的车站提供了方案设计。然而，到 2000 年，经济大萧条再次影响了 TFP，其办事处规模缩小，许多员工离开香港回到了英国，因为英国的经济萧条已经结束。

尽管香港的经济在接下来的一年中有所好转，但又在 2003 年受到非典疫情的袭击，随后促使香港将城市发展中的社会责任提上议程。绿色问题和可持续性建筑——英国和欧洲的主导趋势——自此成为了香港的热门话题；人们需要更多的开放空间，并越来越关心当前行为对城市的长期影响。虽然香港人重视效率、钟爱汽车旅行的轻松和速度，但现在他们已意识到，城市中不加选择地建造交通基础设施，实际上便利了私家车，而危及了滨水区和行人。

TFP 香港公司与伦敦公司联系紧密，所以能够了解最新的绿色建筑发展趋势，并热衷于在香港地区率先设计和提倡绿色建筑，如摩星岭 53 号别墅住宅的设计所示。

随着城市规划和交通规划携手合作，铁路的发展前景也变得更为广阔。香港铁路与其他国际化都市，如北京和伦敦的不同，这些城市的火车站扮演着一个市政功能的角色，是城市的地标，而香港的铁路设计和发展却与地产开发紧密相关，并由其提供资金支持，而不是政府出资。特别强调车站和其上方、周围和内部的商业元素的统一。新的九广铁路（KCR）和地铁站，如沙田和九龙塘，不仅提供了连接城市的高效交通设施，还凭借其优越的地理位置提供了商机，尤其是零售业。许多车站直接连接到购物中心，使乘客更容易从一家进入到另一家商场，为车站公司、商场业主和零售公司带来了利益。此外，车站上盖或相邻地产也跃升为高档住宅，新车站周围的区域也成为高级场地。

通过各种铁路／地下通廊项目，如九龙南环线站可行性研究及地产开发项目、沙田到中环站研究、地铁站改造项目及对北环线和广深港高速铁路进行的最新可行性研究，TFP 对香港发展的奉献和投入持续到了今天。

查灵交叉路口站，伦敦，英国
TFP 铁路纪事开始于 1987 年负责查灵交叉路口站及其周围地区总体规划项目之时。

凌霄阁，香港
TFP 在中国的首个项目已成为香港最受欢迎的标志之一。它结合了现代设计与传统中国建筑的精神。

英国总领事馆，香港
该低层建筑与周围环境融为一体，具有强烈的街区场所感。

九龙通风塔，香港
位于黄金地段，从通道内排出了来自火车、设备机房和乘客的累计热量，并在热交换制冷系统中使用海水。

（上图）美丽香港的鸟瞰图，2006 年 12 月。

凌霄阁

地点：香港/**业主**：香港上海大酒店/**日期**：1991—1997/**面积**：120000ft²

凌霄阁是香港标志性建筑之一，也是香港最受欢迎的经典之一。它为游客提供了一个可以360°俯瞰香港壮丽全景的平台。

凌霄阁这一标志性建筑是国际建筑设计竞赛上的获奖作品，它取代了原有凌霄阁在香港的突出地位。位置优越，很受大众欢迎。从上面，游客可以俯瞰香港全景，同时，为香港中环壮丽的都市风景创造了一个背景。

凌霄阁显而易见，是香港的象征之一。TFP 把中国传统建筑元素运用到了这样一个具有前瞻性的现代建筑当中。建筑基座及其飘浮屋顶之间的分离——这个熟悉的主题，是用来展现一个被高高架起的碗状形式，宛如悬浮于地平线之上的山地空间一般。与碗状的飘浮特性相比，建筑的基座则根植于山上，墙体险峻陡峭壮丽雄伟，这是根据中国传统和宗教建筑而设计的。

该建筑立意大胆新颖，坚固的基座、开放平台以及飘浮屋面与上扬屋檐相结合，柔化了在中国建筑当中所体现的次序与权威性。凌霄阁融合了古老与现代，过去和未来。

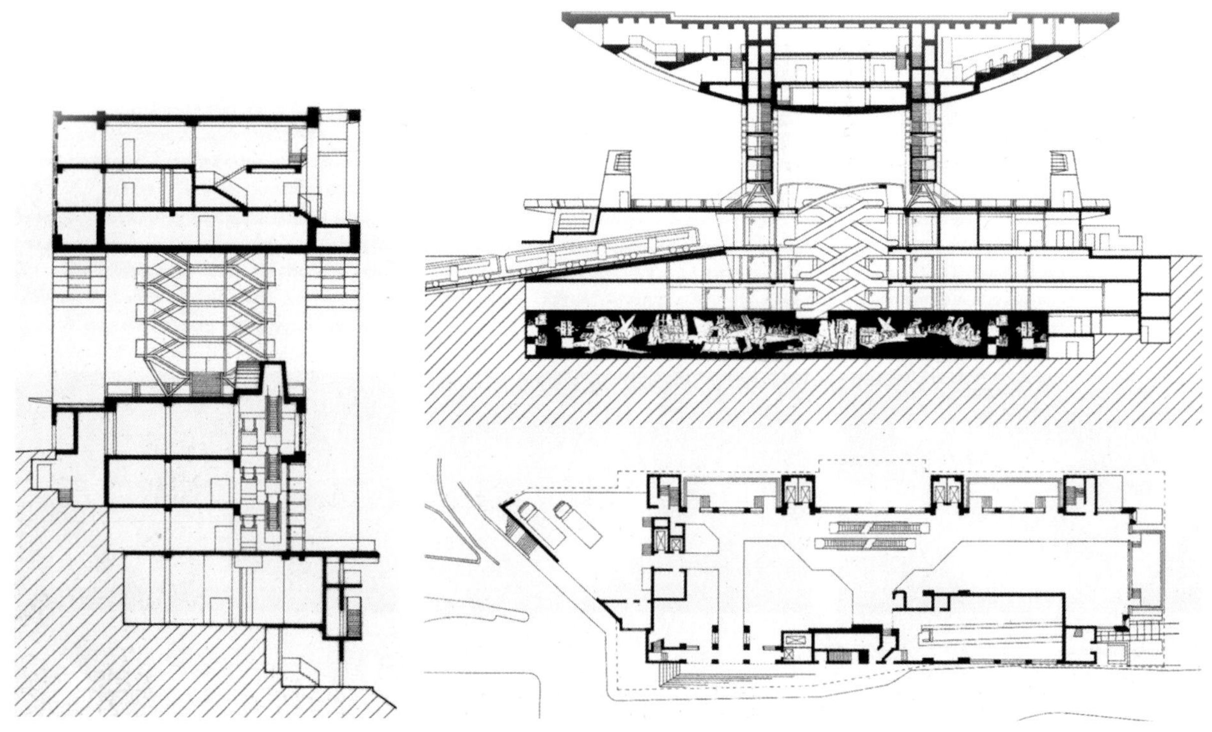

凌霄阁草图和规划

凌霄阁位置优越，备受大众欢迎，可以俯瞰香港全景，可以看到世界上最迷人的景色之一。

英国总领事馆与英国文化委员会

地点：香港/**业主：**外交及联邦事务部/**日期：**1992—1996/**面积：**222814ft^2

英国驻香港总领事馆是世界上最大的英国领事馆，它提供领事服务并促进英联邦在香港的持续利益。

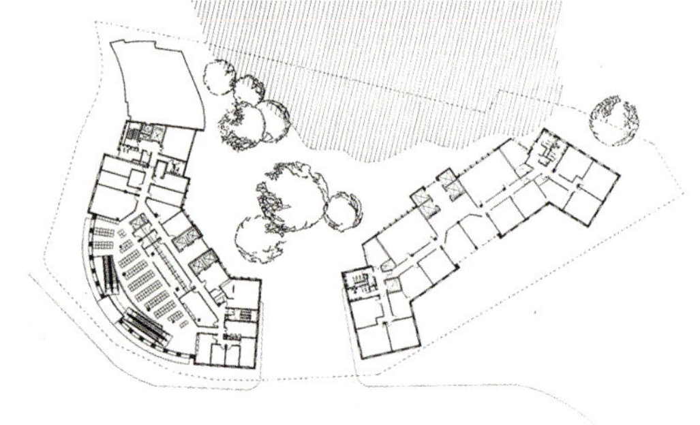

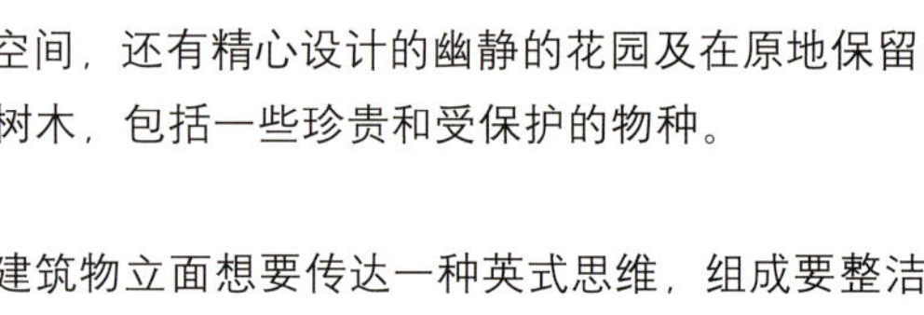

经过建筑设计竞赛，获得了这一重要的政府项目委托，这个重要的政府机构，希望采用感性的设计方法，来体现香港在世界舞台上的突出性和其建筑的重要意义，因为它代表了1997年香港回归中国主权后，英国在香港持续的利益所在。

新总部大楼为英国总领事馆与英国文化委员会提供办公场所，它位置优越，位于最高法院路的交界处，毗邻香港公园。

设计理念源于城市设计与建筑设计的重要故有结合。这一地理位置挑战性大，建筑物分为两部分，但共用一个入口大厅。这两个主要的建筑也就是英国总领事馆与英国文化委员会，它们有独立的识别性，同时在建筑物前提供了一个长方形的公共空间，保留了安静的私密空间，还有精心设计的幽静的花园及在原地保留的许多树木，包括一些珍贵和受保护的物种。

建筑物立面想要传达一种英式思维，组成要整洁、简单、纯净。白、黑灰色花岗石、铝材和绿色玻璃被用在立面来强调其简洁性。

建筑物是由简单的几何形体组成。两个建筑是对称的都是一个基本矩形向外投影形成两翼。两者在中轴线的两侧是均衡的，地面上只有一个安全大厅和地库停车场相连接，上面是出挑的平屋顶，窗户的百叶使外观更显当代建筑气息。

办公室综合设施反映了外部的主题：简单而丰富。空间宽敞，光线充足，公共区域都有装饰艺术品来点缀走近建筑物的后面，建筑的严肃的几何体却创造出一种非正式的轻松氛围。山坡上具有自由曲面墙壁的游泳池，风景园林和平台，进一步加强了这种氛围，融合了隐藏在茂密的天然林木背后的复杂性。

英国总领事馆和英国文化委员会规划。

英国总领事馆（**左上图**）和英国文化委员会（**右上图**）。

Profit from China trade!

TFP铁路纪事

1987－1990 | 1991 | 1992 | 1993 | 1994 | 1995 | 1996 | 1997 | 1998

凌霄阁/香港/1991－1997

九广铁路东铁支线/香港/1997－1998

荃湾西站/香港/1997－2003

地铁站>

九龙站总体规划/香港/1992－1998

九龙通风塔/香港/1992－1998

地铁坚尼地城（西岛线）可行性研究/香港/1995－1996

九龙角开发项目可行性研究/香港/1996－1997

西九龙客运大楼/香港/1995

九广铁路西铁站方案设计及总体规划（西九龙、锦田、落马洲、荃湾西、钦州街和美孚站）/香港/1996－1999

香　港

国　际

Ebbsfleet总体规划及车站运输设施/伦敦/1997－

查灵交叉路口站/伦敦/1987－1990

伦敦大桥站总体规划/伦敦/1993－2007

南肯辛顿站和综合开发/伦敦/1990－2006

铁路开发，Farringdon站*/伦敦/1991－1998

Gare Do Oriente*/里斯本/1994

榜鹅站/新加坡/1996－2001

Do Rossio站总体规划/里斯本/1993－1996

Barreiro渡口及总体规划/里斯本/1993－1995

仁川机场运输中心/首尔/1996－2002

Vasteras火车站*/瑞典韦斯特罗斯/1993－1995

高速火车站*/韩国釜山/1996

Euston站改造/伦敦/1998

* 规划

中国香港 | 广州 | 北京 | 中国内地（其他城市） | 韩国 | 新加坡 | 南非

英国 | 印度 | 澳大利亚 | 葡萄牙 | 瑞典 | 冰岛

1999 | 2000 | 2001 | 2002 | 2003 | 2004 | 2005 | 2006 | 2007–

北环线及广深港高速铁路线项目可行性初步研究/香港/2006–

铜锣湾地铁站和车站改造方案可行性研究/香港/2006–2007

改造工程/香港/1998–2001

沙田至中环站与铜锣湾北站/香港/2003–2004

九龙南线物业开发研究/香港/2001–2002

铜锣湾地下步行通道/香港/2007

九龙南线站可行性分析/香港/2001

西九龙站/香港/2002–2004

霍斯顿车站总体规划/都柏林/2005–

新德里站重建/新德里/2007–

帕罗马托铁路线/悉尼/2000–2002

天津站*/天津/2006

北京南站/北京/2003–2008

孟买交通运输项目/印度孟买/2002–2005

Gautrain快铁线/南非/2006–

广州南站/广州/2003–2009

九龙站

地点：香港／**业主**：香港铁路有限公司（MTRC）／**日期**：1992—1998／**场地面积**：135417m²／**总建筑面积**：车站—220000m²

TFP从标志性建筑和“超级车站”的初步可行性研究开始，直到设计和执行都发挥了重要作用。

九龙角重建可行性研究

TFP对九龙角进行了为期15个月的研究，探讨九龙半岛西侧港湾开发的可行性。方案确定了西九龙站项目最终的填海计划，为主要地产开发和交通战略、铁路和港口基础设施提供用地。

开发方案分为三个区域：北部区域主要为住宅区；南部区域建造一座标志性的办公楼、商业和酒店。设计的核心包括一个交通枢纽，它将中港码头、海运大厦、九广铁路站、客车站以及公共停车场连接在一起，并融入了商店、酒店、办公楼和服务公寓。

九龙站

九龙站体现了旅行的新时代：一次使乘客轻松享受旅行的高科技和高速度体验。光滑的不锈钢结构成了最大的公路、铁路、机场与地铁之间的换乘，并成为连接西九龙“新城”的主要通道；流量概念是车站建筑设计的关键：其布局使七个层次之间的视觉连接和移动成为可能。

九龙站发展总体规划

TFP九龙站上方和相邻区域的发展总体规划构成了最终的三维“超级城市”，是一种以现代建筑和技术为支撑的密集城市生活的模式。本项目具有重要意义，它包括布置在公共广场周围的100多万m²综合功能空间位于西九龙填海开发区的中心部位；设施完整，从商店和学校到住宿和办公楼，应有尽有。在可能的前提下你甚至可以永久居住在此处而无需离开半步。

空中客车A380在香港首次运行，飞过九龙站综合体上空（**如左图所示**）。

九龙站（**右图**）。

九龙站首个开发项目。

检票大厅（**左上图**）和机场快线站台（**右上图**）。

一个多层体系，包括办公、住宅楼、公共交通、购物中心和花园。

九龙通风塔

地点：香港/**业主**：香港铁路有限公司/**日期**：1992–1998/**总建筑面积**：8350m^2

从初步可行性研究到标志性建筑的设计和执行以及“超级”车站的建设，TFP对于九龙半岛的发展是有重大意义的。

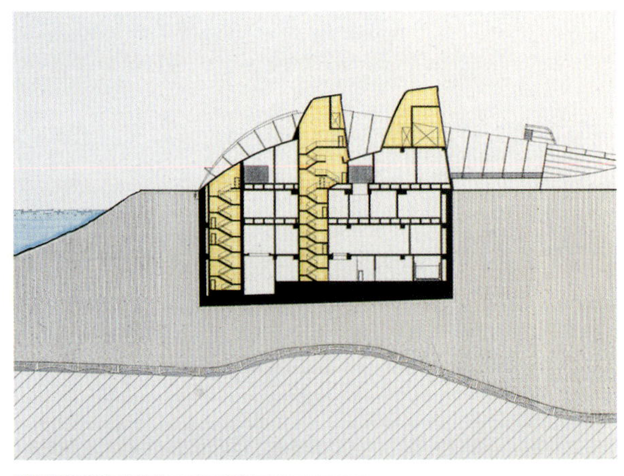

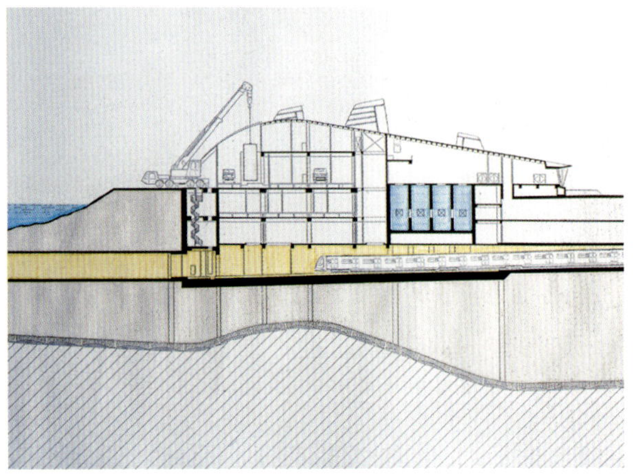

九龙通风塔，一种艺术结构，在建筑风格上与它的黄金地段相互补充俯视着维多利亚港湾，在这幢建筑物上实用功能与雕塑形式相结合。它能够分散火车，设备，和乘客所散发的热量，为九龙站提供技术支持。它是一幢包含了一系列的附属功能的建筑，包括机械、电气设备，如控制和变电设施，用来控制香港到赤鱲角机场轨道的运营。九龙通风塔包含三个 TFP 之前项目的设计元素。它是仿照黑墙隧道的通风建筑而设计的，该建筑目前在伦敦的千年穹顶内部；它是凌霄阁的反转形式。它与九龙站中央大厅的屋顶设计风格相似，并进一步增强了两座建筑之间的联系。

通风建筑规划（**左两图**）和鸟瞰图（**右图**）。

通风建筑设计与九龙站中央大厅屋顶设计风格相似（**中图**）。

九龙通风塔只有三分之一是可见的，其余部分被掩埋在一个巨大的向下延伸20m，通往列车隧道的土层中。

九龙半岛开发时间表。

联合广场

总用地面积：13.54 公顷 / **位置**：西九龙地铁站上方 / **完工日期**：2010 年 / **停车位**：5600 个 / **住宅**：16 座超高层建筑，包括 5866 套公寓（可容纳 13000 人）/ **标志性摩天大楼**：118 层高的国际贸易中心（ICC）是香港最高的建筑物。第 99 到 101 层用于用餐和公众观景台；更高楼层将由丽嘉酒店经营。国际贸易中心的总面积为 $2500000ft^2$（约 $232200m^2$）（是国际金融中心的两倍），其中 $100ft^2$ 用于超过两层的购物中心和一个包括室外游乐场地及室外用餐的平台，以及一个花园。

九龙站是一个三维综合城市交通的模型，是香港历史上最具意义的城市设计策略之一。

西铁技术研究

地点：香港／**业主：**九广铁路公司（KCRC）／**日期：**1997—1999

1996年，香港新界开发战略审查委员会指出，香港的人口将从1996年的620万增加到2011年的800万，西北新界的人口将从80万增加到135万人。因此，需要大容量铁路系统来满足预计的需求水平。

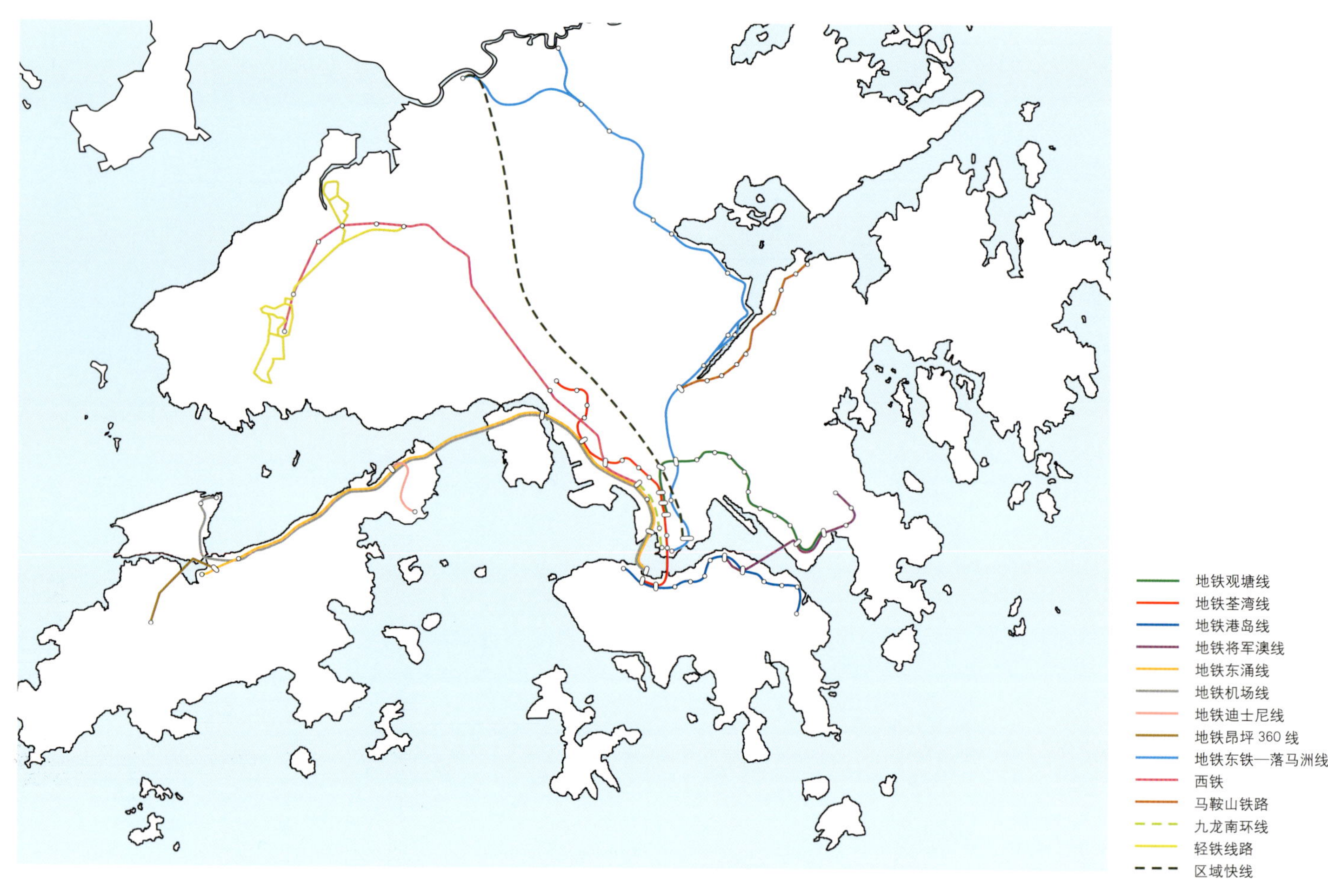

1996 年，香港政府和九广铁路公司启动了战略性的铁路整合方案，将西九龙和新界连接起来。在历史上，香港的发展大部分集中在东边，主要包括香港岛、九龙和九广铁路。该新铁路线将支持大屿山机场铁路并促进新界西侧的发展，包括西九龙填海工程和大屿山。西铁研究还强调在香港和中国内地之间建立第二个重要的过境通道。

1997 年，TFP 参与了九龙和中国内地之间七个超过规定或不符合规定的车站的方案设计工作。公司作为由工程技术为主导的多专业独立顾问小组的一部分，承担了车站方案的设计和西铁项目五个地段中四个地段的相关项目开发的总体规划（位于中国内地边境和锦田、荃湾、美孚、钦州街及西九龙之间），以及西九龙的标志性建筑和大量通风设备建筑的概念设计。

广泛的项目涉及数十个主要场地的总体规划和城市设计，多功能开发达 200 多万 m^2。在确定总体规划中，主要的因素包括铁路、社会关注、行人与现有城市结构的连接性以及替代交通方案。

西铁由九广铁路公司经营，于 2003 年投入运行。30.5km 的双轨客运铁路线将西九龙的南昌站与现有的地铁和轻轨铁路系统连接在了一起。它由九个车站组

地图描述了从香港西侧延伸至中国内地的新铁路线。

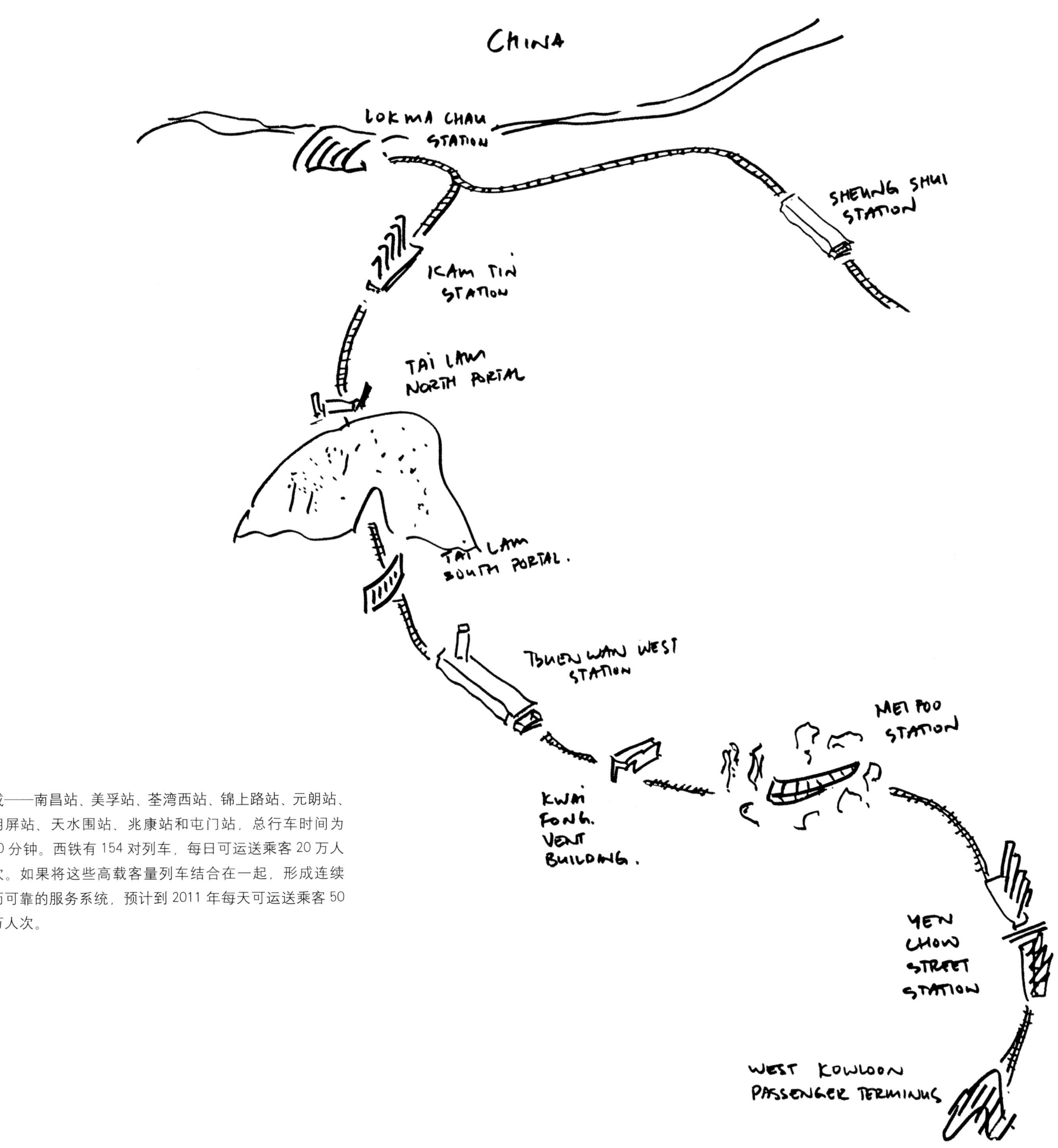

成——南昌站、美孚站、荃湾西站、锦上路站、元朗站、朗屏站、天水围站、兆康站和屯门站，总行车时间为30分钟。西铁有154对列车，每日可运送乘客20万人次。如果将这些高载客量列车结合在一起，形成连续而可靠的服务系统，预计到2011年每天可运送乘客50万人次。

路线图描述了新界铁路网络中西铁沿线的各个车站。

西九龙站
西九龙站预计会成为香港和中国内地之间最重要的通道，提供直接的跨境和直通车服务。它将通过成为西铁的一部分与本地铁路相连接，并通过九龙南环线（KSL）与东铁相连接。车站设计的重点在于其作为交通枢纽的关键作用以及随后是否有必要尽可能高效地结合客车、轿车和机场快线列车服务，以避免交通拥挤，为乘客提供最大的方便。对于车站未来发展中的内部需求，已经做了相关准备，如包括零售区、停车区、住宅和休闲设施在内的平台。

南昌站
南昌站由九广铁路公司和地铁公司共同开发，是西铁和大屿山机场铁路的主要中转车站。它包括六条铁路轨道，服务于三个独立的列车系统以及一个服务于专营巴士、专线小巴和出租车的大型交通总站，并为私家车停车提供设施。一个包含9座50层的住宅楼、酒店、办公楼和商业区以及相关停车位的综合开发项目位于车站上方和相邻区域，并构成了铁路开发区的一部分。

美孚站
美孚站对于九广铁路/西铁车站和美孚地铁站之间的连接至关重要，因此TFP设计了直通交叉道，并要求根据现有地铁站布局对延伸做出修改。此外，建筑分期、现有社区设施及荔枝角公园的保护需要灵活的设计方案，以避免对新车站周围区域的环境和功能产生重大影响。根据详细设计研究成功建成地下直通线路。

九龙站宽敞的内部空间。

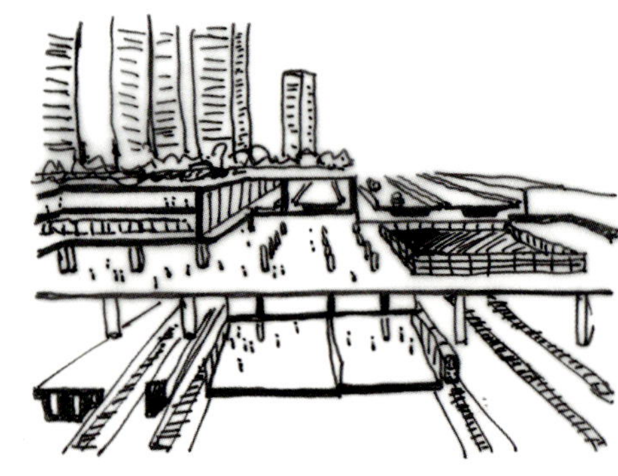

该主要中转换乘站包括一座大型的交通总站。

需要一份灵活的设计方案将车站融入到荔枝角公园中，并对现有的景观产生最小的影响。

荃湾西站

荃湾西站第一期工程包括连接西九龙和屯门之间的本地客运线，其设计日均载客量为2010年达到50多万人次。作为铁路方案TS–300的一部分，已建议在荃湾西站上方和相邻区域 进行相关的地产开发。它由4个场地组成，共包括18座住宅楼、一座商业大楼、酒店和办公楼、一所小学、一个室内康乐中心以及零售和相关停车设施。其中，超过400000m²的面积用于住宅（分为5430套公寓、300个酒店房间和50座服务公寓），56000m²用于商业区，67000m²用于办公区，并提供3500个停车位。

锦上路站

锦上路站的设计旨在连接西铁城市铁路第一期与第二期工程—它的作用是成为连接香港和中国内地之间新过境点的北部列车支线。车站有五条轨道和两个高架岛式站台，为乘客在列车一侧和两条主线轨道上提供服务。TFP在设计中遇到的最大挑战来自于将大规模的基础设施要素融入现有的乡村环境中，同时又能保证未来开发。

落马洲站

落马洲站位于深圳河南岸，是一座跨境车站，旨在缓解落马洲边境的交通压力。它由双层人行天桥连接至环港站（深圳地铁站的附属车站，位于北岸）。车站布局和过境设施可保证行人井然有序地移动和高度的安全性，同时建筑物的建筑和场地布置也解决了严格的技术问题及高度敏感的环境问题。

荃湾西站正上盖和周围区域的地产开发包括18座住宅楼。

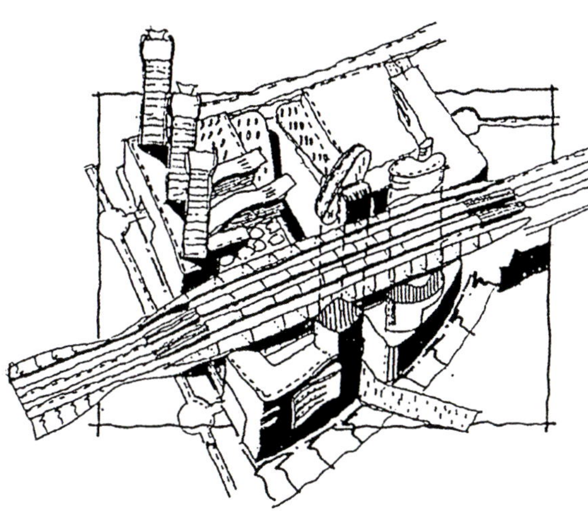

本站的设计旨在融入乡村环境中，同时为未来开发留下空间。

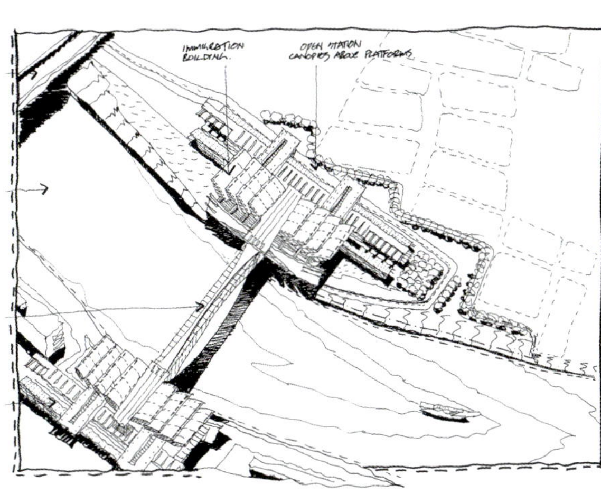

香港和深圳之间的跨境车站预计会减轻罗湖站的交通压力。

荃湾西站

地点：香港/**业主：**九广铁路公司（KCRC）/**日期：**1997—2003

荃湾西站以其特有的形式和功能预示着未来，玻璃与金属面板复合幕墙构成其独特的长方形建筑形体，高载客能力使它可通过各个方向上的共33辆列车在高峰时期每小时运送36000名乘客，预计2016年将达到这一要求。

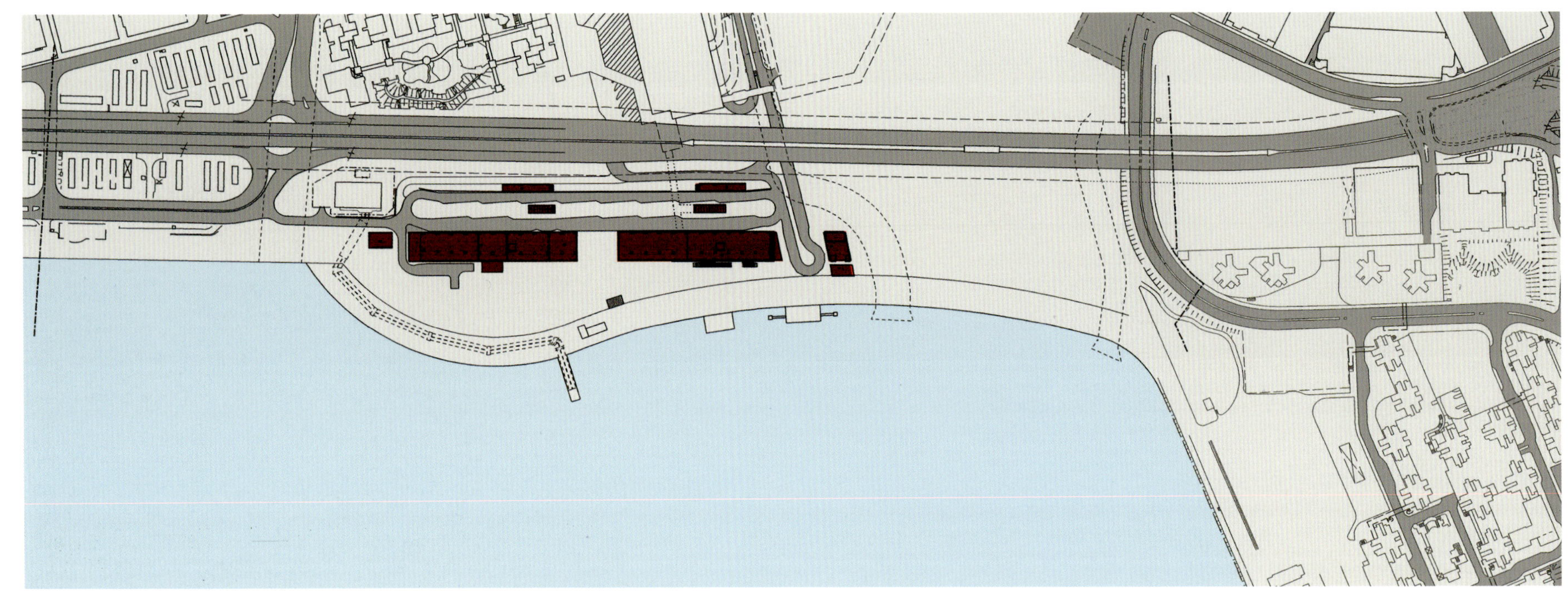

荃湾西站部分位于蓝巴勒海峡填海工程内部，地下车站由4条轨道组成，服务于两个岛式站台和一个大型乘客换乘区。车站大厅同样位于车站中部地平面以下，但巧妙的入口布置使其与乘客换乘区相融合，连接未来开发及服务于附近的公共渡轮码头、车辆下客区和与车站相邻的公共区域。

站台和大厅的布局非常简洁并经过深思熟虑。乘客区域位于大厅层，付费区的乘客可从北部、中部和南部入口进入，确保乘客合理分布在整个车站内，避免了高峰时期的交通堵塞。站台位于大厅层以下，由10对自动扶梯和楼梯连接，每个站台五对。移除老车站中站台层上的独立柱子，创造简单而连续的空间，并能由此看到自动扶梯和楼梯。

车站的最佳总宽是通过在中央分隔墙的各侧布置上下轨道来实现的。环形轨道沿着车站外围护结构延伸，与上轨道共用一个站台，并由安全门分隔，使乘客可以快速上下车，进入主站台区。

全系统设备、装置、控制和隧道风机室位于大厅和站台两端的辅助区域。附加设施位于地面结构中。

车站的外墙饰面目前包括外露留有模板印迹的素混凝土，将由未来建筑所遮挡。那些将继续暴露的表面将采用灰色铝板覆盖，底面入口采用钢和玻璃封闭。内墙由灰色和深红色的氧化铝及搪瓷涂层钢板覆盖，分别与外墙的灰色和车站建筑侧面的九广铁路公司标志相呼应。

在车站上方和附近区域为未来地产开发做好准备，包括地平面和平台开发区六层上的一个乘客换乘区。在车站各侧将建造10座住宅楼，每座35–45层高，以减少对柱子和基础的压力。将楼层布置于各侧而不是车站之上的决定来自于工程造价的比较研究，该研究是通过对12到9列车进行研究来进行的。该填海工程有

>>

总体规划说明了车站（红色）设计如何与未来地产开发向融合。

荃湾西站整齐的规划保证了轻松和有效的乘客流通。

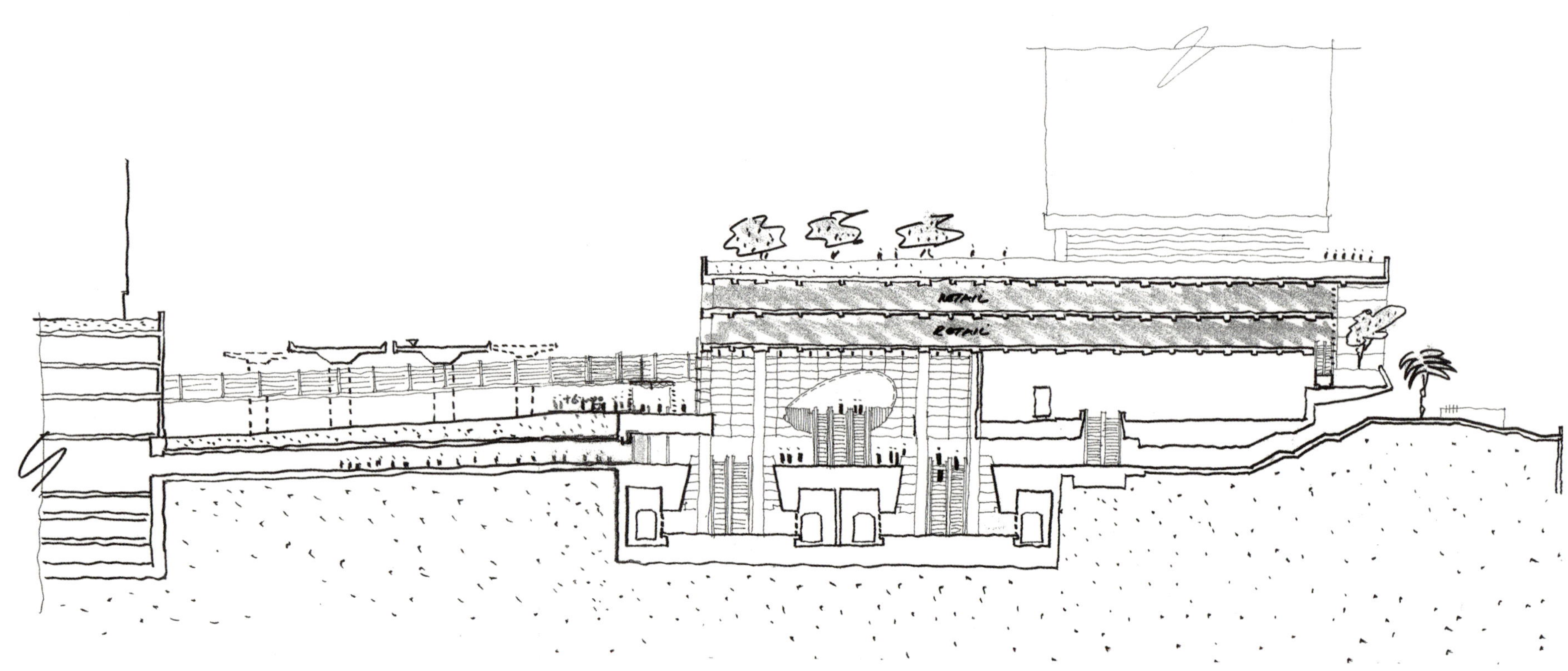

助于减小车站的总宽和基础荷载，为九广铁路节省大量成本。

开发与铁路相结合，使分期建设和分阶段开发成为可能。车站和开发场地之间的连接已得到充分利用。地面在最初是开放空间，将新建步行区与乘客换乘区相分离。基于运营要求，对平台结构首层和地面乘客换乘区进行覆盖，以便使未来建设不会对铁路和其他交通设施的运行产生影响。

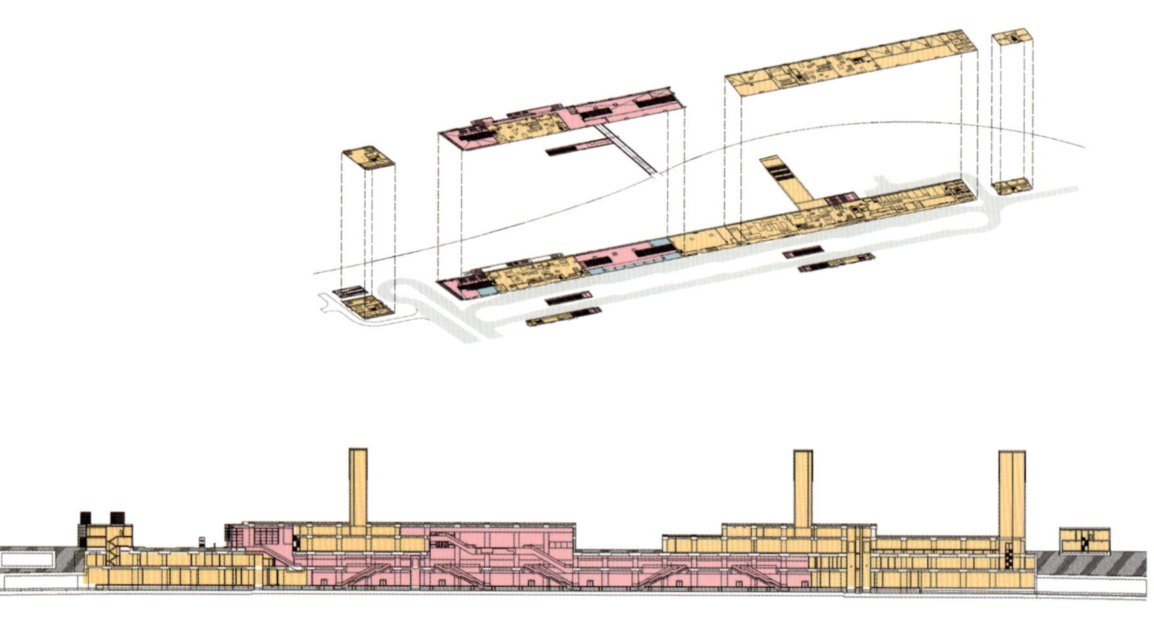

草图描述了车站内部空间及如何将它与未来地产开发相连接（**上图**）。

车站轴侧图（**中图**）。车站剖面图描述了其不同的层面（**下图**）。

城市背景下的荃湾西站（**上图**）。

内墙上的红色铝板作为特定元素存在，
突出九广铁路公司的标识（**下图**）。

荃湾站一端的灯笼状外形彰显了入口。

Station
D

九龙南线站可行性分析

地点：香港/**业主：**九广铁路公司（KCRC）/**日期：**2001

《政府铁路发展战略2000》，2000年5月出版，将九龙南环（KSL）界定为西铁支线。它将连接南昌站与尖沙咀东站，在香港的未来铁路网络中形成重要连接。

2001 年 1 月，九广铁路公司启动了铁路项目可行性研究，研究以工程师为主导，对铁路的工程和运行的可行性进行分析。详细研究包括评估铁路线上任何与铁路相关的地产开发的潜力。

作为小组建筑顾问，TFP 承担了西九龙站和广东道站以及九龙南环沿线两个车站的规划建筑工作，并将其作为总体可行性研究和政府建议的一部分。西九龙站是在环保场地中采用地下明挖覆盖方法进行的建设，而广东道站则为繁忙都市道路下的盾构施工。广东道站的大厅将建于现有公园之下，并且需要恢复现有建筑。

从上方观察到的开发模式。

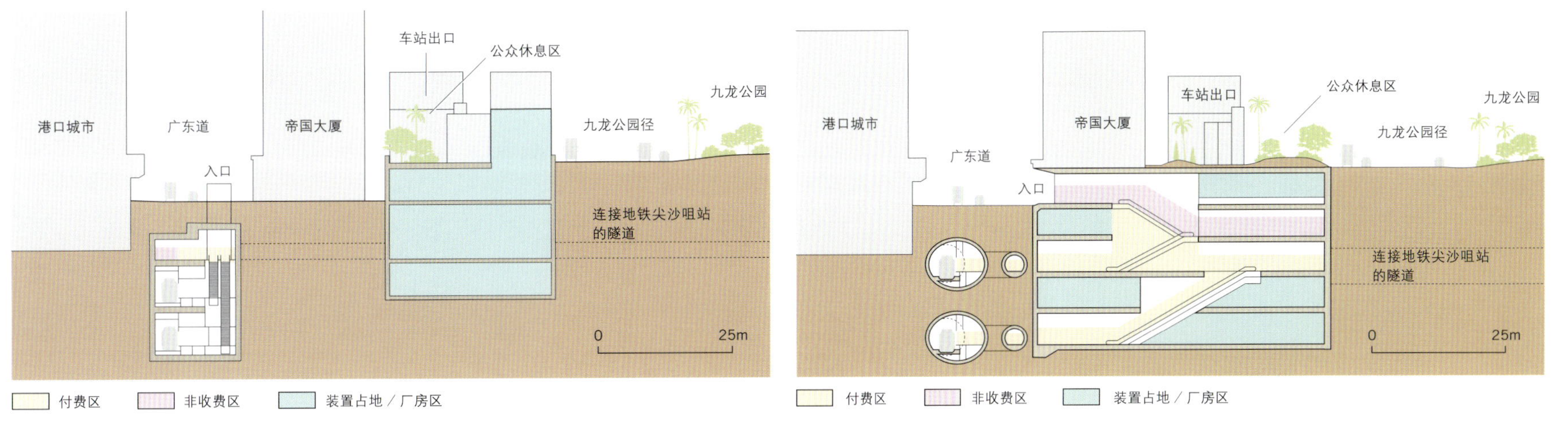

建设的九龙南环线路与维多利亚港重叠的鸟瞰图（**上图**）。

广东道站选择：明挖覆盖部分（**左下图**）及换乘大厅部分（**右下图**）。

九龙南线物业开发研究

地点：香港/**业主：**九广铁路公司（KCRC）/**日期：**2001–2002/**总建筑面积：**720000m²

TFP自在香港成立以来，一直在分析、规划和评估九龙半岛，将这一区域看作一个整体以及探讨如果最好利用的方法。2001年由九广铁路的物业部门委托TFP沿九龙南环线开展物业发展研究，同时此研究替代铁路初步项目可行性研究。

对于西九龙站上720000m² 混合使用物业发展，TFP是其可行性研究和方案设计的总顾问公司，其中包括住宅、零售和办公场所，公共运输换乘和管理设施。本项目要求准备控制文件，使业主能够吸引合资物业发展开发商，并且对广州站同现有广州路的肌理整合做出响应。

场地位于突出的西九龙填海区，周围是主要发展区，例如滨水区上规划的艺术、文化和娱乐区域，西九龙地铁开展和沿广州路广阔的尖沙咀混合使用、受零售业驱动的复合区域。东南方向是新维多利亚超高层开发区，再往南是九龙公园。

佐敦道和柯士甸道是主要干道，呈东西走向，围绕着场地。尽管最初设计的是一条向西的主要多路线道路，道路可延伸到九龙填海区。

这些计划无限期地被搁置。现在可能的是要恢复街道，方便行人并且使其与主要的滨水区域相连接，香港目前没有利用这次机会投资。从城市的观点来看，此次新发展将会与联合广场合并，并完成与九龙站的连接，使其与城市相连。

总体规划提议为拱形总平面，计划将景色增加到最大限度并且把场地中心空出来，融入称为空中花园的绿色元素。这将会打破高层大厦的"墙界面效应"，并提供密集发展中的轻松感和通透度。

西九龙的创新形式和动态发展将会激励未来项目开发并带来希望。

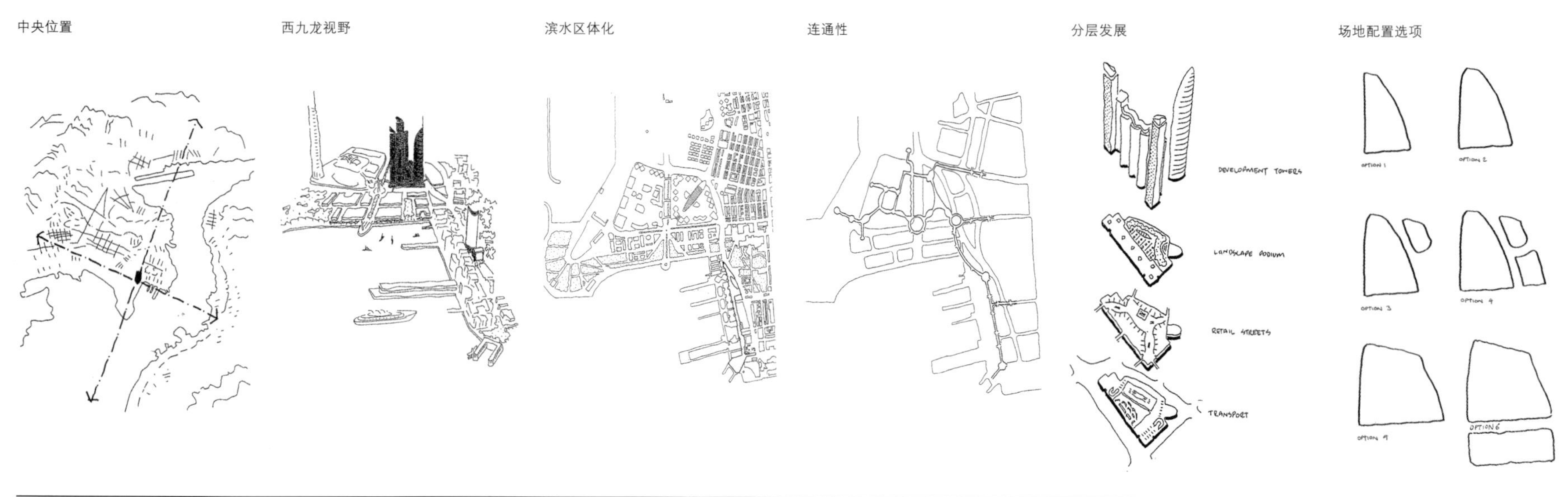

中央位置　西九龙视野　滨水区体化　连通性　分层发展　场地配置选项

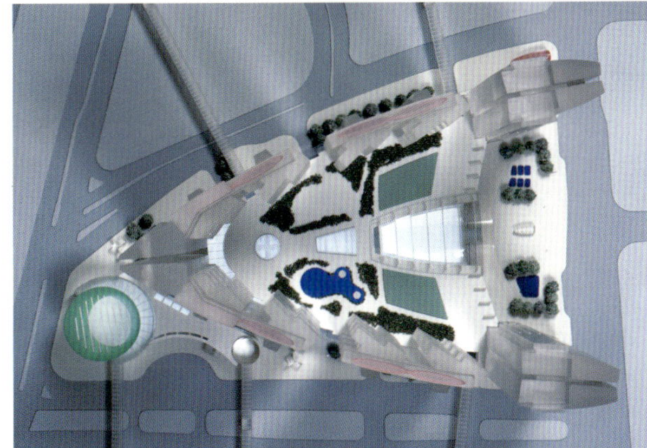

设计原理

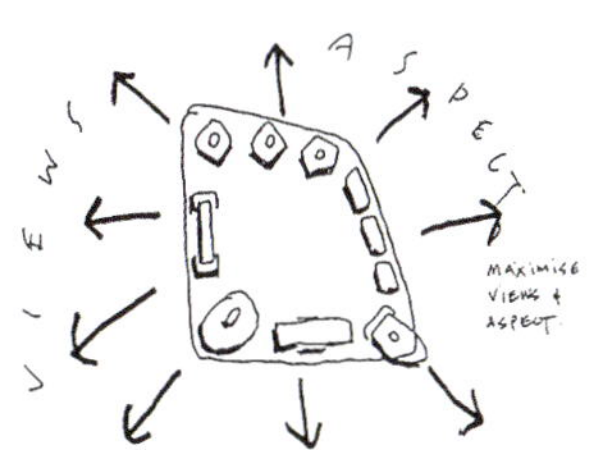

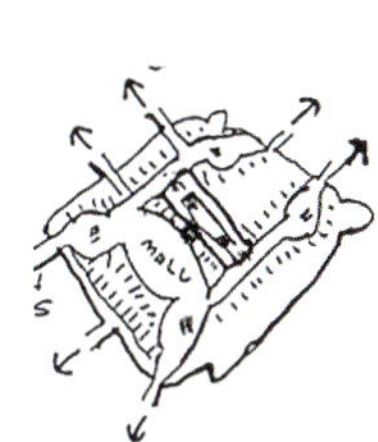

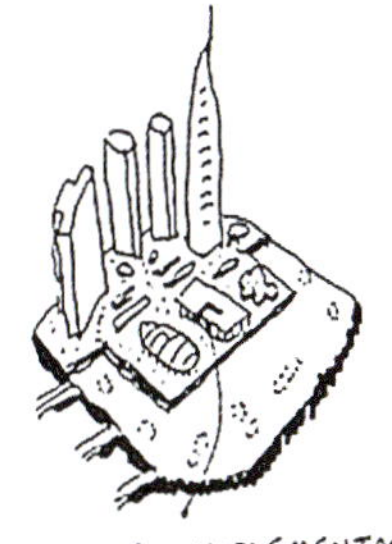

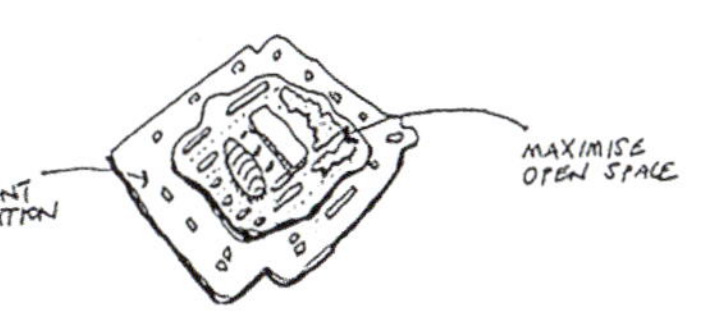

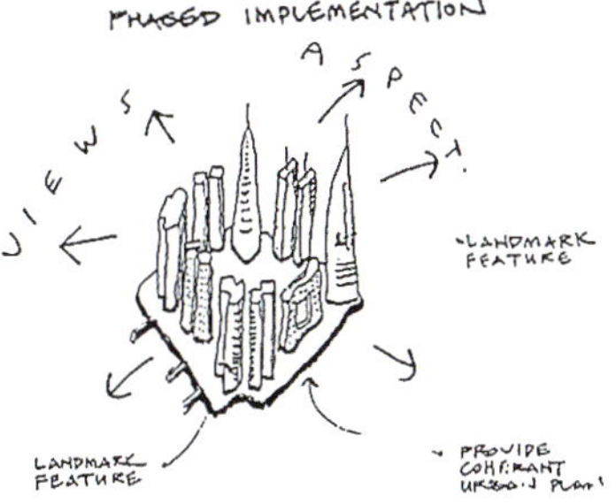

作为艺术装置，九广铁路的标志被悬挂在大型购物中心（**左上图**）。

车站上盖呈现混合使用发展的理念（**右上图**）。

显示周边为建筑物，（**右下图**）为园林平台的模型平面图。

北环线及广深港高速铁路线项目可行性初步研究

地点：香港／**业主**：九广铁路公司（KCRC）／**日期**：2006

随着香港人口的增长，以及与中国内地城市联系的加强，TFP探讨应该用什么方式将各种铁路、车站和周围场地最好地连接起来。

依据西九龙的显著位置、极好的可达性以及对办公地点的普遍要求，其被认为是扩张香港中心商业区的重点。"超级车站"九龙站和西九龙站都是吸引各种人流的理想地方，因此使这一区域成了一个主要目的地。在重点站开发办公空间的机会与政府的意图一致，可促使人口分散，工作岗位平衡和减轻各交通枢纽站的拥挤现象。

继西铁和九龙南环线连接研究工作之后，2007 年九广铁路又委任 TFP 为团队成员，承担北环线（NOL）和广州－深圳－香港高速铁路（ERL）香港段的综合初步可行性研究项目。本项目包括所有北环线站和高速铁路西九龙终点站的初步设计。

北环线将连接东西铁路的北段，给西部新界的居民去中国内地边境带来更便捷的铁路服务。ERL 属于高速铁路线，连接香港与内地城市深圳和广州。

穿越国际边界，尤其是欧洲的高速火车的到来，为车站规划、乘客流通和入境控制设定了新标准。这些原则是香港高速铁路终点站规划的重要基础，它们将会经过具体设定，以支持跨境铁路便捷、有效地穿越中国内地。

西九龙终点站计划将建于地下，并且初步计划设想有 5 层车站，站台在最底层。叠合的布局将使抵达和离开的乘客分开，方便乘客活动并避免高峰时刻的拥挤。同时垂直交通设施的布置将使乘客进出站台的效率最大化。

地面层终点站的出口将表明车站的存在，并且在城市周围环境中形成连贯但有特色的建筑实体。它也将发挥建筑上明显的作用，成为九龙站和西九龙站的过渡，明显发挥其边境通道和连接作用。

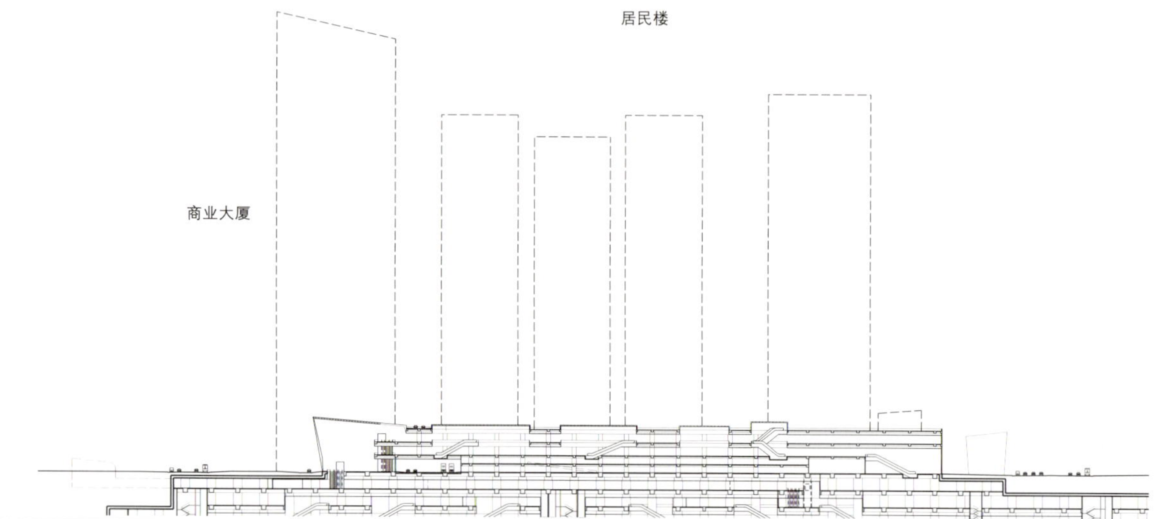

开发多样化。

区域快运的地下站台。

西九龙站上的物业开发方案（**下图**）。

将连接九龙站和西九龙站，并且有利于沿线路（**右上图**）边境通道的终点站主要大厅。

铜锣湾地下步行通道与车站改造方案可行性研究

地点：香港／**业主**：香港铁路有限公司（MTRC）／**日期**：2006–2007

由于铜锣湾是大量商店和餐厅的聚集地，所以它是香港最繁华的地区，吸引人们不断涌入。但也有负面评价，例如人行道拥挤、行人和车辆冲突、交通带来的噪声和空气污染，以及穿越马路的不便——这些问题需要予以解决和克服。

铜锣湾地铁站的效果远非理想。尽管东大厅在高峰时间十分拥挤，出口 E 和 F（分别位于记利佐治街和启超道）几乎达到了最大容量，但是由于位置不便利，西大厅的利用却不足。这一状况需要改善，以使两个大厅得到平衡。

2004 年规划部门计划改造行人通道方案中轩尼诗道下铜锣湾地铁站零售商业，将连接轩尼诗道、崇光百货和铜锣湾地铁站，以缓解街面上行人的拥挤，改善车站通道，合并轩尼诗道两旁现有的零售商店和推动这一区域的社会和商业活动。这一方案将作为方便行人的纽带，通过典型的地铁通道优先的零售业带动发展。

作为铜锣湾地区的主要利益相关者之一，地铁公司提议将两个互补的地下通道和地铁站改造方案合并成一个项目。除了改善街面的状况，地下通道将会给地铁站的问题提供解决方案，例如缓解东大厅的拥挤状况和改善乘客集散情况，同时在宜人环境中创造可行的零售布局，以提升其可用性。

最佳地下通道的尺寸在长度上应为 165m，宽度的变化范围为 25–30m 之间。已提议建成 5 个新出口，连接地下通道并且位于重新设定的东西大厅上。西端的中心大厅将直接连接地下通道和地铁站的上下站台，使乘客换乘和了解方向更有效。

斜交的店面将使可见性和商业界面最大化，并且为换乘指明方向，使乘客从地下通道到邻近的商业和地铁站出口形成汇聚的漏斗形。

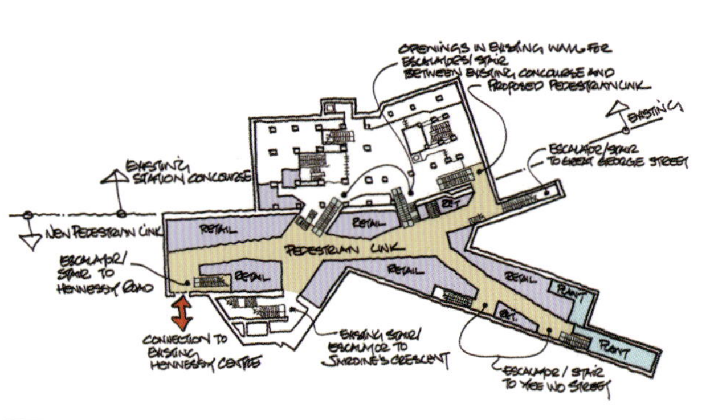

内部有商店的地下通道预计从铜锣湾（**上图**）繁忙街道上将行人吸引下来。

轩尼诗道（**下图**）下面提议的地下行人和零售通道的草图。

铜锣湾地铁站的一段以及与行人地下通道的连接。

九广铁路沙田至中环站与铜锣湾北站

地点：香港/**业主：**九广铁路公司（KCRC）/**日期：**2003–2004

沙田中环站联合东部新界和香港岛的商业中心区，是现有九广铁路网的延伸。TFP担任铜锣湾新站的咨询顾问。

位于铜锣湾维园道下面。规划的铜锣湾北站（CBN）在第四条过海铁路和博览站（EXH）之间，最终将通向中环南站（CES）。

铜锣湾北站计划作为传统的随挖随填型车站，主要有3层运作：最上面一层、位于街道下方的是用于缩短行走距离的大厅，大厅下面是设备用房，最底层是岛式站台。在早上和晚上高峰时间它分别可容纳34–25对有九节车厢的地铁列车。客流都按"靠左"的规则进行管理，同时公共站台的障碍很小，使流通区域视觉上自由且运行流畅。

车站有3个出口直接通向大厅，其中一个是无障碍电梯出口，将乘客从街道上带到大厅层。维多利亚公园是有名的政治集会以及春节和中秋节活动的地点，由于铜锣湾北站邻近维多利亚公园，所以车站计划调节特殊的管理方案，近期将会实施以转移行人到其他不太拥挤的出口的新方案。

铜锣湾北站可选择各种公共交通，例如有轨电车和公共汽车，地下通道正在修建中，以连接铜锣湾北站和现有的铜锣湾站。

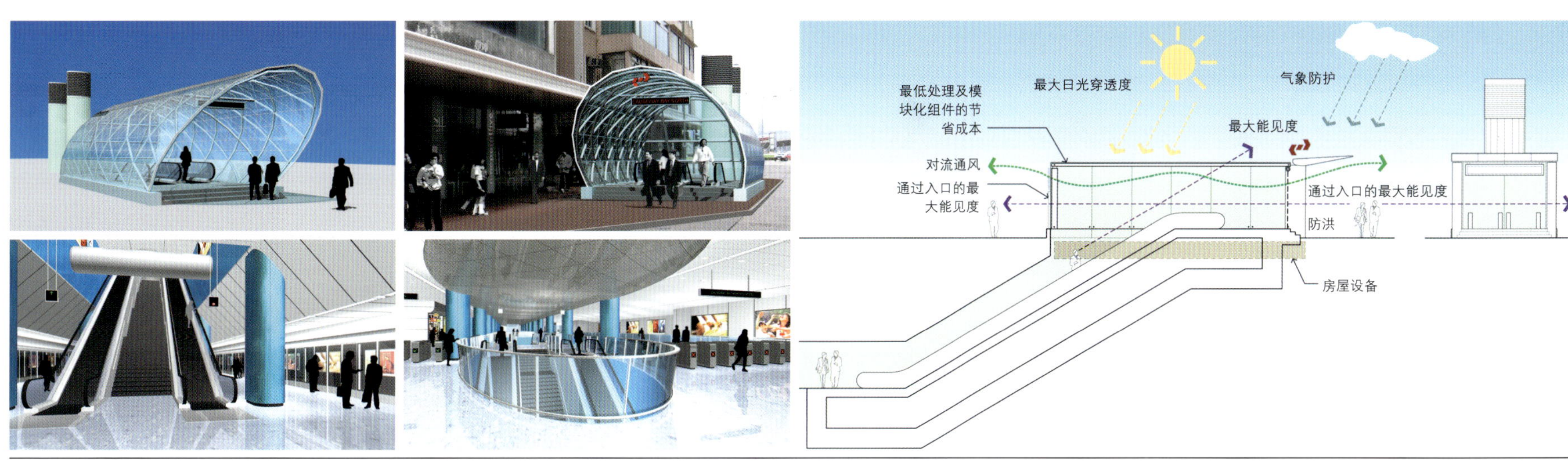

铜锣湾站处出口雨篷的概念设计。灯光和现代的玻璃结构是场地的理想选择。

此剖面图显示地面上玻璃入口如何促使自然通风并使光线到达地铁站的最底层。

MTRC车站改造项目

地点：香港／**业主**：香港铁路有限公司（MTRC）／**日期**：1998–2001

伟大的事情往往来自很小的开端，地铁站改造工程就是这样一个例子，看似很小的改变却给香港的人们和地方带来很大的影响。

TFP 改善了 24 个地铁站，方便有特殊需求的公众进出。继完成设计导则和无障碍通道标准之后，将计划安装（从大厅到站台）新的乘客电梯。

无障碍通道使人们知道每个人都能够使用公用设施，解决了对部分人群的歧视问题。在街道上建造通往地下的新入口给城市带来不便，新的连接方案已经提出，许多都设在繁忙的人行道上，影响到了周围的空间。TFP 不得不寻求创新方法，改善地铁站通道以及考虑行人的方便。

许多新电梯的增建已分阶段实施完成。

新电梯提供给乘客无障碍通道，使他们往返于大厅和站台之间。

电梯是车站的标志同时标示出街道下的地铁。

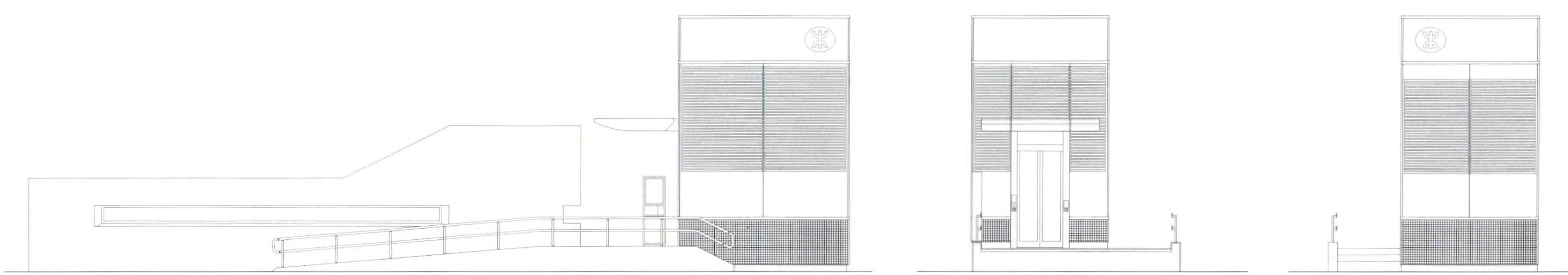

地铁站街道出口（**下图**）的立面图。

绿色重建措施

建筑的绿色设计趋势在英国已成为主流，TFP通过设计和规划许多不同种类的可持续发展项目而将它们介绍到了亚洲。

全球变暖是一个重大议题，同时环境问题不再成为谈笑间的话题。意识到地球的脆弱性并且对地球状态负责已成为目前最普遍的现象，在许多国家，"变绿"正成为规则而不是特例。

自从研究表明建筑物产生有三分之一的二氧化碳排放物，污染空气质量且对全球变暖有显著影响。绿色标准对建筑物有很大的影响，并且可持续建筑物的市场也在持续上升。

建筑的绿色发展可解决许多问题，从节约用水和废物管理到经济和公共健康福利。通过能源和废物管理保护自然栖息地以及空气和水的质量，例如形成健康的室内和室外环境，对每个人的幸福十分重要。但是，与那些非绿色建筑物相比，由于需要科技和材料支持，可持续建筑物目前的费用相当高，但从长远看，却可以节省费用。通过安装先进的能源控制系统、有效的外围护和高效能设备可缩减能源成本。

对于使用环保科技，TFP 在英国建造可持续建筑物已有许多年经验，并且屡获奖项，例如在英格兰曼彻斯特的绿色建筑。正在进行的规划方案，例如泰晤士河口区规划，更是为生态设计设定了新的标准。

这幢综合性绿色建筑是由 32 套公寓，一所学前托儿所，一家诊室和商业办事处所组成，所有这些都坐落在一个独特的圆柱形建筑物内。TFP 旨在创造一种舒适，现代化和可持续的生活，它是英国最先进的生态住宅发展项目之一。其截然不同的设计风格和建筑围护结构的可循环隔热效果可最大限度地减少能源浪费，而屋顶风力发电机和太阳能电池板可产生环保的热和电。

尽管亚洲在环境方面的要求情况不如英国，城市发展往往会受到商业驱动而以牺牲环境为代价。TFP 凭借其在英国的经验使香港公司能够了解最新的绿色趋势。提升该区域的可持续建筑物的设计，TFP 香港公司致力于继续以绿色建筑为目标，更作为公司和业主的可行性选择。

TFP 已经参与建筑设计和规划的绿色项目，从私人别墅，例如摩星岭别墅，到大众住宅，以及从更大规模上来说，上海生态型崇明岛的规划。

上面提到的私人住宅，主人选择要求尽可能多的将环保和自给自足融入建筑的设计中。使建筑材料和施工方法都力求具有可持续性，例如使用拆除原房屋后的瓦砾铺平场地。

但是商业住宅项目从来不会依据每位业主的具体要求来建造，TFP 试图将许多普通的可持续技术融入半山高层住宅建筑中，其设计可带来许多绿色效益。除风力发电机、太阳能电池板和水循环系统外，建筑物还使用二氧化碳传感器监测公用区的新鲜空气；使用节能照明设备、空中花园和可调天窗给公寓遮阳，以降低对高层使用空调的需求。

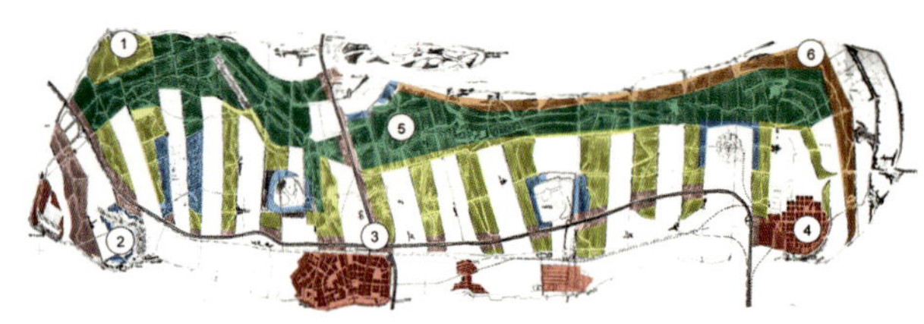

基础设施和城市规划对崇明岛的绿化起主要作用。除使用岛屿的运河系统做交通外，TFP 提议的总体规划使靠近市中心的邻里聚集在一起，减少长时间的奔波。车辆可利用清洁燃料。可持续材料将用于新城建设中，并且节能的热、光和电系统将融入新住宅、零售和商业建筑中。

然而，尽管 TFP 努力推行绿色科技，其实施仍然需要政府提供充分的政策和激励措施。例如摩星岭别墅的业主在其房屋设计时需要风力发电机，但是由于规划问题和缺乏供额外电力的地方电网，使其成为不可行的选择。

香港和亚洲何时，或是否将全面推动可持续建筑设计还有待观察，但是目前 TFP 正尽其最大努力参与呼吁和推动。

英国曼彻斯特市的绿色建筑
TFP获得设计奖项的住宅建筑是可持续设计的一个成功案例。

崇明岛
TFP上海生态岛的总体规划。

半山住宅大厦重建计划

地点：香港/**业主**：嘉里物业/**日期**：2005

TFP在香港走在绿色设计的前列，并且这栋高端建筑是首次全面采用绿色设计的高层住宅建筑之一。

令人满意的是住宅建筑在香港岛的半山区有很多，但渐进环保设施在这一区域却十分少见。TFP 致力于将一个住宅高层设计成这样的建筑。

在占有相同建筑面积的情况下，高层住宅建造的高度要更高。每层只允许有一个而不是两个公寓单位，它又被分成了三个居住区域。公寓面积和优点被发挥到最大化，带私人屋顶花园的复式公寓被布置在建筑的顶端。

主要设计理念是兼顾朝向和景色的两个弧形幕墙。高层住宅的帆状造型也有效降低了风荷载。为了将维多利亚港的景色尽收眼底，每一套房的北部都装有阳台，从地板到顶棚的玻璃幕墙面向主要生活区；南部的卧室朝向山坡，给私密性和遮阳留有足够的空间。封闭的交通筒不会出现对邻近住宅向下对视的干扰。

尽管该建筑设有顶级的休闲和充足的停车设施，但它区别于其他建筑的是其环保特性。这些设施包括建筑物上部的简洁风力发电机，它凭借本身的形象成为城市的标志，此外还有太阳能电池板、中水收集箱（用于冲洗和灌溉）、节能照明设备和节水管道等设施。光能电池可将太阳能转换成瞬时电能，其他系统可以恢复和再循环利用淋浴、水槽和除湿器中的热量。它是香港首家真正的绿色高层住宅建筑之一。

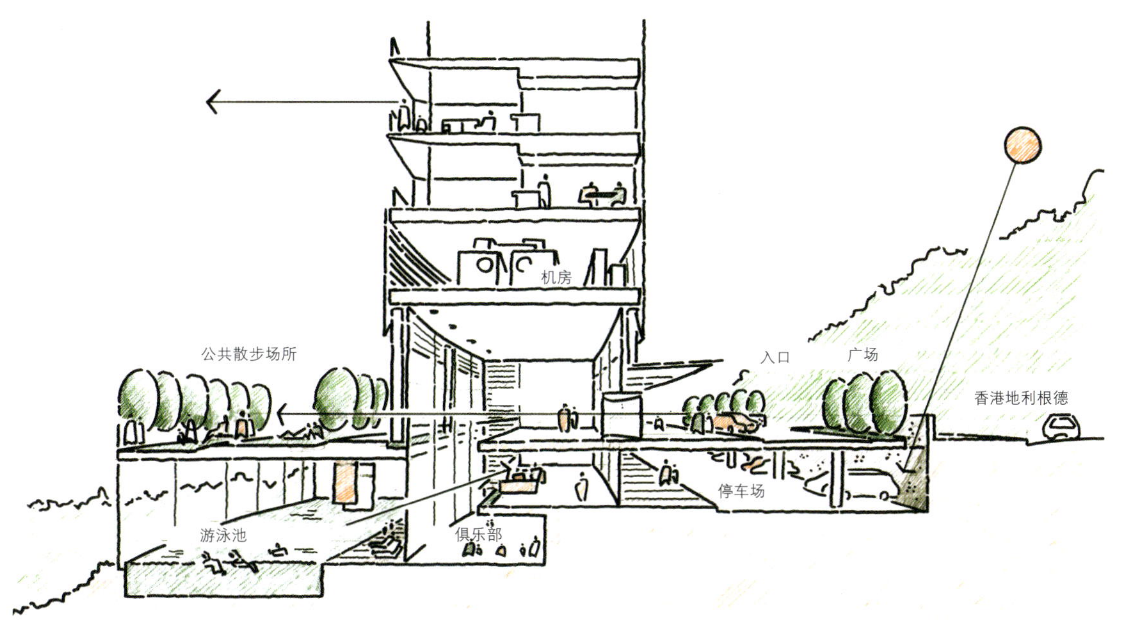

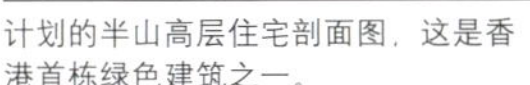
计划的半山高层住宅剖面图，这是香港首栋绿色建筑之一。

住宅建筑顶部的风力发电机提供的环保特性，明显不同于其他建筑。

摩星岭别墅

地点：香港薄扶林道/**业主：**M. Jebsen/**日期：**2002—2004/**场地面积：**620m²/**总建筑面积：**420m²

香港岛南部的一所突出的住宅建筑，是集独创、优雅和环保为一身的典范。

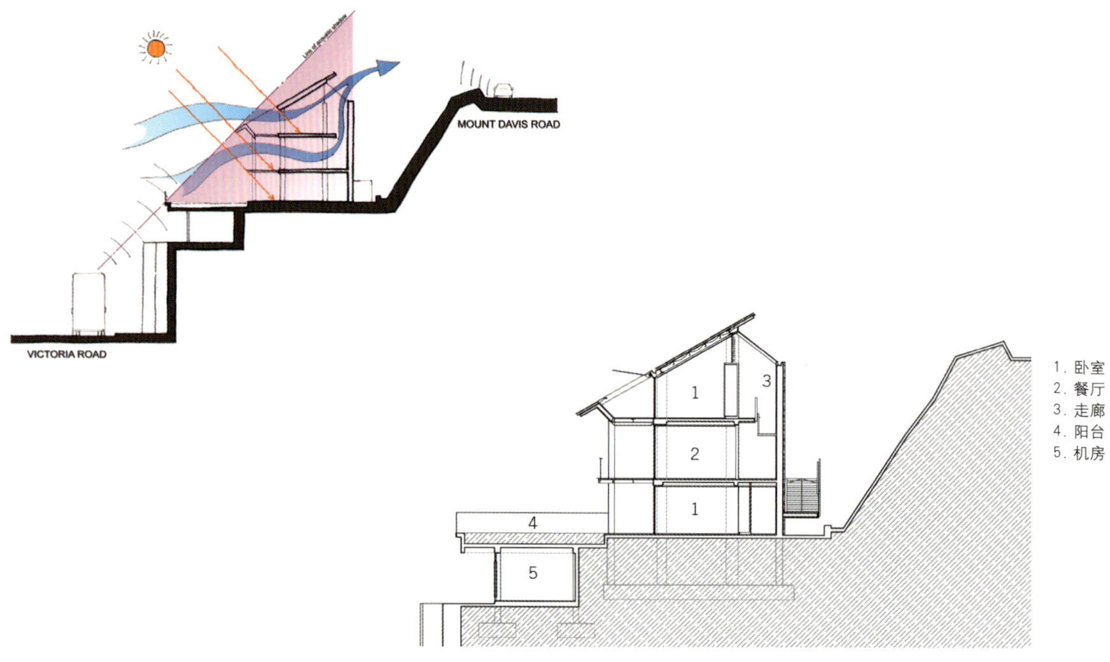

复杂的地形条件同时要求在建筑下修建车库（**左上图**）。

入口一侧墙面的特征是现代风格的圆形窗口（**右上图**）。

屋顶将阳光转换成能量并且促进空气流通（**中图**）。

餐厅和卧室的剖面图（**下图**）。

摩星岭别墅设计是响应苛刻的设计标准，满足场地特殊需求，同时极其精密和极具想象力的方案。它结合原创性规划、高科技结构和公用设施、自然材料和优雅的细节设计，创造出美观且舒适的居住建筑。每一层均给人印象深刻，它是一个家庭的居所，融合到所处的环境中，也是创新思维的一个探索。从施工方法和系统设计到对材料的选择，均充分结合绿色理念。

摩星岭别墅坐落的场地比较狭窄，只有600m^2，夹在两条繁忙的公路之间，呈东西走向，通过后面主要道路的陡峭车道可以到达。建筑物布置在这一小片地块尽可能靠后的位置，以便在地块前面保留有一个相当大的花园，同时形成对下面嘈杂道路的视觉和听觉缓冲区。为防止交通噪声的扩散，建筑物的后部是表面为国产花岗岩的实心墙。地面到顶棚双层玻璃是建筑的另外一个主要特征。

建筑设计灵感来自马来西亚长屋，第一层是单一的生活区，东端有一个厨房。离厨房较远的一边是一个半露天的小型健身游泳池（2m×12.5m）和一个游戏室，上方是保姆的房间。第二层是为家庭卧室安排的，包括一个主卧室、儿童卧室和两个浴室。所有卧室都能俯瞰到贯穿海峡的航道，每个卧室都可以通向一个阳台，这些阳台由屋顶空间结合组成。垂直天窗可根据私密性和遮阳的需要来调整。

弧形楼梯向下通到首层，连通起居室，可直接接近户外休闲空间和大游泳池，它们几乎延伸到了建筑边界。一个书房、儿童游戏室、客房、浴室和车库可组成一个完整的家庭居所。

空调设备使用吸气式制冷系统，用太阳能提供能量，并且通过从地板到顶棚的通风口排气。当需要时此系统可向房间和游泳池供热。屋顶超过50%的区域都装置太阳能电池板。真空管内的金属导管可将水加热到80℃，并且太阳能加热的水从吸气式冷凝器中排出。这些设备可将水温降到15℃左右，风机盘管机组可经过冷水将空气吹入房间。此系统中没有可移动部件，并且余热用于向锅炉供应温水。此外还有一个整合的中水系统，可收集、处理和净化雨水，用于冲洗厕所和花园浇水。

使用先进技术可提高绿色生活水平，该别墅建筑将成为香港的另一个标志性建筑。

从地面到顶棚的玻璃使起居室既明亮又宽敞。

太阳能供电的空调系统可加热俯视海峡的小型健身游泳池。

别墅的巧妙设计将环保和精致生活结合在一起。

太阳能电池板可给房屋提供热水，同时屋顶的空间保证该层每个房间都有一个阳台。

20世纪70年代，深圳还只是一个沉寂的渔村，人口仅为2万。现在，它已成为中国最具活力且发展最快的城市之一，人口已超过900万。

深 圳

· 诺德中心

· 大梅沙京基喜来登度假酒店

· 京基金融中心

深 圳

深圳的发展故事就如同一个从贫穷到富裕快速转变的传说。20 世纪 70 年代，这个位于珠江三角洲的一个偏僻小渔村在邓小平（邓主席在 1978 年实施了中国改革开放政策）的领导下，从 1982 开始转变为中国第一个经济特区（SEZ）。

作为中国改革开放的一个实验基地，深圳是中国有史以来第一个引进国外城市规划专家的城市。许多著名的城市规划师和建筑师(包括 TFP Farrells）通过激烈的竞争来到这个刚刚起步的城市，为这座城市设计了许多标志性建筑物。在短短 20 年的时间里，深圳从一个人口仅仅 20000 的小渔村发展成为现在人口超过九百万的繁荣的现代化大都市——它也是世界上发展最快的城市。

在过去 20 年中，外国投资者向深圳投资了数十亿美元，用于建造工厂和成立合资企业。珠江三角洲地区也已经成为世界制造基地，同时在航运事业的支持下成为中国最大的港口之一。

深圳与香港隔河相望，其最初发展与香港的发展密切相关。珠海作为中国东南部分的另一个经济特区，采用了传统的以公园和绿化为主的城市规划方案，而深圳却以比香港更快的速度朝着一个现代化大都市的方向前进。

在改革开放初期，因为需要香港特别行政区（HKSAR）帮助其实施经济政策，所以深圳的主要发展集中于城市南部与香港相连接的罗湖区（Lowu）。

然而，在过去 5 年中，中国已经成为世界经济强国，因此深圳将发展重心转移向北部。目前深圳在新建铁路（该铁路塑造了整个城市的形象）的帮助下正在朝着广州方向拓展。除此之外，位于深圳西部的福田区已渐渐发展成为新的市中心，政府办公区、会展中心、诺德中心和大型购物中心都位于此地。

罗湖区、福田区和蛇口地区就如同被三条公路连接的节点，TFP 在各节点都有设计和规划作品：比如，东部的大梅沙京基喜来登度假酒店、市中心的诺德中心和京基金融中心以及西部的南山填海区滨海新城。

TFP 提出的有关南山西部填海区滨海新城设

中州大楼
由 TFP 设计的深圳综合大厦。

明珠岛
由 TFP 设计的面积为 520 公顷的填海"明珠岛"。

计的建议方案对深圳的快速发展起了积极作用。TFP 于 2000 年 9 月提交了有关 520 公顷滨海新城规划设计的概念方案，在该方案中，新城将容纳 85000 个居民，包括乘火车和渡轮前往香港和深圳的上班族。它选择圆形岛屿作为最初的设计构思，以强调新城作为城市之门的重要性和合理响应珠江口潮汐的影响和工业化这一特性。除此之外，TFP 也认真考虑了与深圳的各种连接，使该岛成为构成整个城市的一个组成部分。尽管后来由于客观原因这个构想没能最终实现，但仍然对促进深圳西部地区发展作出了积极贡献。

深圳市目前的综合城市规划获得了 1999 年阿伯克隆比城市规划奖的提名，该规划一直执行到 2010 年。根据规划内容，深圳将围绕金融、贸易、商务、信息科技、交通以及高科技产业等方面发展经济，目的是使深圳成为一个区域经济中心和现代化国际花园城市。它试图通过改进教育和建筑基础设施、将产业园与全国教育机构相连接的方式在最重要产业（高科技产业）引进人才和资金。深圳与香港一样将在基础设施改进方面投入大量资金，并在未来 15 年继续吸引外商投资。

香港和深圳目前被一个狭窄的限制区域隔开，如果这些限制被取消，则这个区域将成为开发者的下一个目标。目前整个区域（包括广州和珠海）都快速的城市化，因此一个成熟的“大都市群”已经形成。如果在未来几年有需要开发的地方，那肯定是这个区域。

深圳城市天际线
经济的快速发展使深圳从一片片稻田转变为一座座拔地而起的摩天大楼。

诺德中心

地点：深圳/**业主**：深圳市中铁建投资有限公司/**日期**：2003—2005/**总建筑面积**：70000m²

根据预先制定的建筑规划，TFP的这一竞赛优胜方案将建设成为深圳商业中心区的一流甲级写字楼。

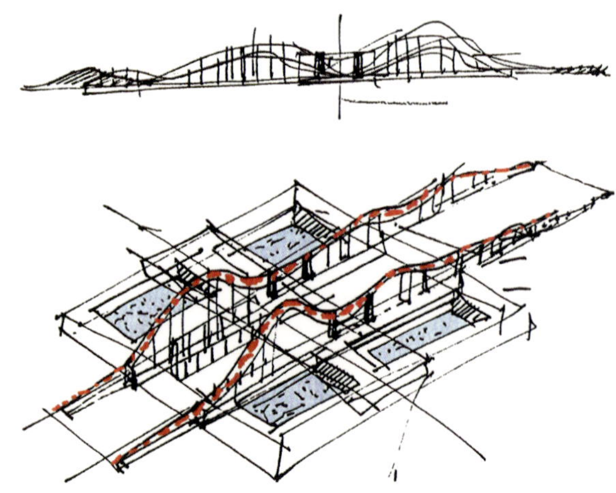

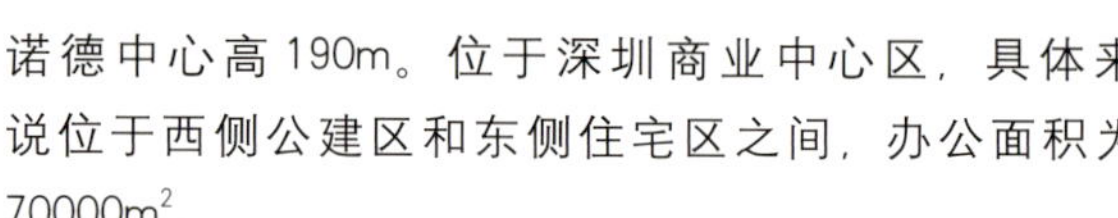

诺德中心高190m。位于深圳商业中心区，具体来说位于西侧公建区和东侧住宅区之间，办公面积为70000m²。

应业主希望根据预先制定的建筑规划提高建筑高度这一要求，TFP将诺德中心设计为一幢40层大楼，采用简单抽象但却醒目的方案使其成为深圳市的标志性建筑。设计也包括对诺德中心周围较低附属建筑的立面和外墙进行设计。

>>

诺德中心位于山旁福田区的东侧，在这里，邓小平使深圳成为中国第一个经济特区。

中心区域周边的建筑物遵守严格的高度限制，以创造一幅从上方观看类似龙脊的画面。

建筑立面的最初设想。

详细的建筑物立面研究表明彩釉玻璃和格栅增加了建筑美感，同时也可用于遮阳。

黄昏时分的诺德中心。

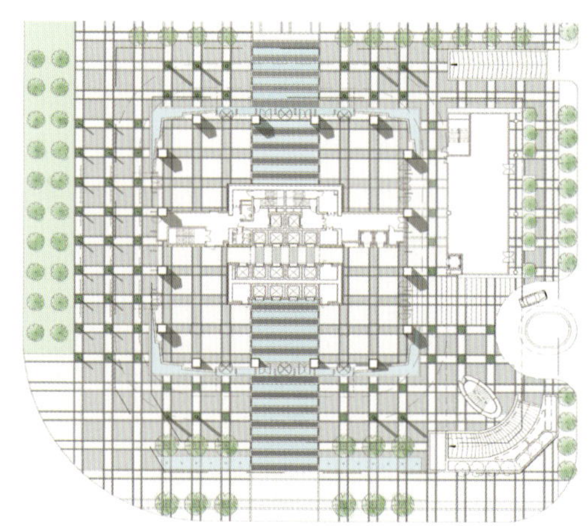

TFP 为该塔楼设计了竖直的建筑肌理，并提供了立面详图与建筑内部的空间布置相对应。建筑立面的延长部分加强了建筑外部的纵向效果，从而形成了一个轻盈富有节奏感的塔楼。通过在每个标准办公楼层设置 200mm 玻璃格栅，创建了一个舒适的工作区，窗外的风景尽收眼底。

建筑顶部向内收敛的长方形幕墙使玻璃尺度看起来像从地面朝向天空延伸，从而使整个建筑更为修长。这些内收的幕墙不仅成为令人印象深刻的建筑特色，还在玻璃格栅和屋顶照明的相互作用下创造了一种闪闪发光的效果，他们与地面上的建筑入口相呼应。同样地，户外水景和景观也在大厅内部有所体现。

与大厅融为一体的水景特色是对户外环境的延伸。

底层平面图展示了景观与建筑物内部的关系。

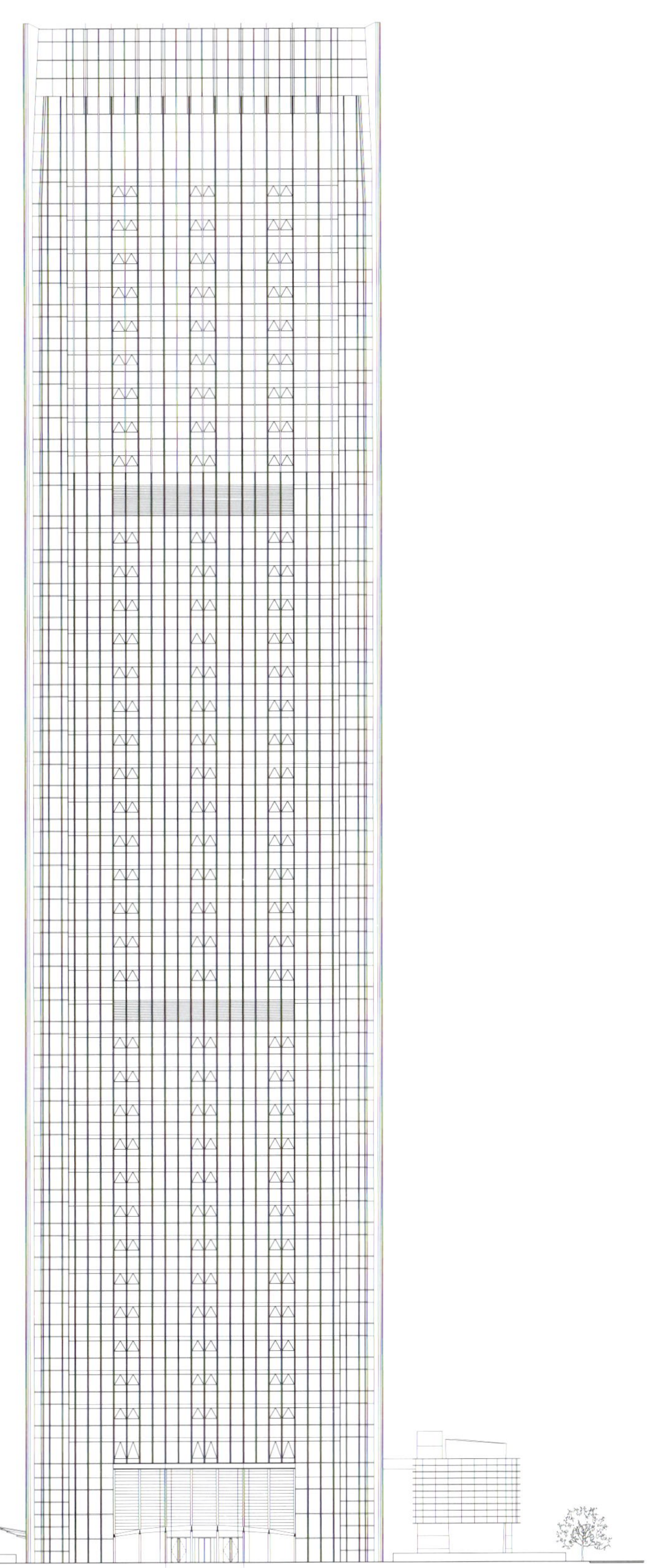

南向立面研究。

建筑最终形象。

大梅沙京基喜来登度假酒店

地点：深圳/**业主**：京基集团/**日期**：2004—2007/**场地面积**：6公顷/**总建筑面积**：60000m²

虽然深圳是一个繁荣喧闹的大都市，但距市中心仅仅25km，位于东部海岸线的五星级酒店——大梅沙京基喜来登度假酒店及其周围建筑却是一个充满祥和与宁静的场所。喜来登度假酒店位于6公顷沙滩附近2.5km处，这赋予它广阔的海洋景观、清澈的海水、水边生态公园以及远处连绵起伏的山脉独特优势。

尽管从设计之初到最终建成只经历了31个月，其建成速度令人惊叹，现在的酒店已经处于一片绿洲之中，远离了城市喧嚣的建设与开发，享受着其独有的宁静。作为该地区内唯一坐落在海滨地产内的顶级豪华度假酒店，入住其中，旅客可以从房间直达海岸享受极致美景。

TFP受京基集团委托负责项目建筑设计，其目标在于设计一座现代风格的酒店，既与其周围环境相映成辉、完美融合，又挑战传统独具特色。TFP将其自身设计理念与客户要求相融合，创造出奢华的度假胜地，集368间海景客房、展览和会议设施、大型餐厅、温泉浴场和健身房、游泳池以及私人别墅于一体。

设计开始，从项目所处地点的两个优势着手，海滨地形及其带来的极致海景。首先，酒店和私人别墅区沿项目用地的东西轴线而建，充分利用了海景和南向优势；其次，自由流畅的方案营造了建筑与周围景观的

酒店和别墅。

完美共生关系，使建筑成为自然美景的有机组成和延伸。因此，建筑用地附近已有的湿地公园补充了大梅沙滨海公园松散的秩序和规划；酒店建筑形状融入自然环境之中；并且酒店的大型潟湖式户外游泳池与湿地公园风格相近，处于周围自然美景中丝毫不显突兀。

酒店规划采用单内廊、单朝向的建筑设计手法。建筑用地边界限制、后退红线和高度限制意味着单朝向的直线形建筑体相对于建筑用地显得过长，这使得设计师开始酝酿曲线形设计方案。同时，符合场地红线要求并使建筑尽量临海的同时，曲线形自由角度的设计方案可以保证所有房间都能将海景尽收眼底，并且自由的弧线和转角设计可以避免出现过长的直线形走廊。

但是，此非传统的曲线辐射型规划方案极其复杂，为设计提出了巨大挑战。相较于典型的双内廊形式的规划，单内廊单朝向建筑使得酒店客房的布局更为复杂，因为一些房间可能处于凸凹面上。像大部分海景建筑一样，大梅沙的设计和规划方案也不是一夜之间形成的，而是经过了缜密的研究和创造性设计过程，克服众多难题才得以完成的。TFP 原先设计了几套方案。第一套是一个较为方便的星形方案，具有中心简体区，双内廊和双朝向，这样的形式可以营造出高效的公共交通和防火通道路线，但整体布局不能保证所有房间都能欣赏到海景。通过借鉴酒店的周围环境，第二套方案的设计来自于航海概念。其形状使人想起层层波浪或破浪而行的帆船以及曲线形的建筑。第三种方案

>>

得益于单廊、单向房间的布置方式，深圳大梅沙京基喜来登度假酒店的所有房间都可以观赏到美丽的海景。

不同施工阶段的大梅沙喜来登度假酒店。

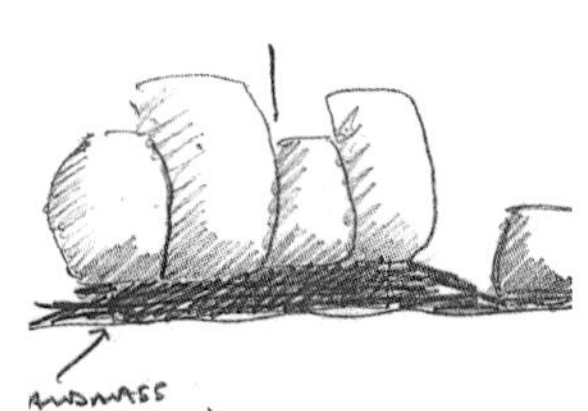

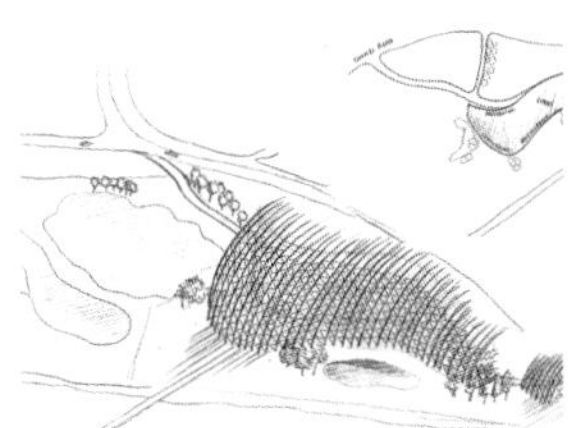
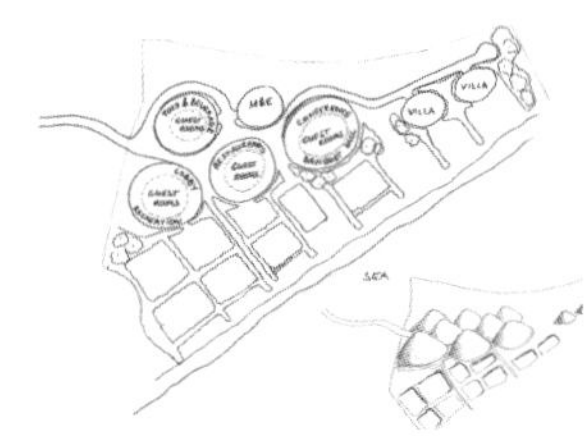
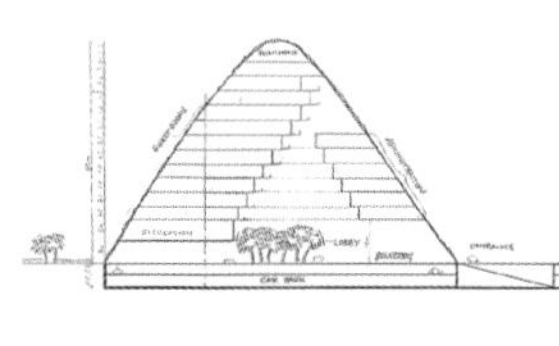

是波浪式设计，但是由于亚洲刚刚发生过金融海啸，因此这一方案由于太过敏感而被放弃。第四种方案结合了行进中的帆船和滚滚向前的波浪这样的理念，创造了一种使人联想起海洋、曲线和山峦轮廓的独特建筑形式。通过规划批准的设计方案创造了一个具有独特精神"气场"的场所与建筑。

建筑物的立面和体量对业主的实际需求进行了创新性的响应，按照两个单独的建筑形式——具有半公共功能（会议中心、餐厅和健身俱乐部）的流畅裙房基础以及裙房上方的临空的主体建筑对其进行了设计。这种设计是一种较长的线性平面布置，容纳了客房需要的私密空间和安静区域。

根据传统中国龙这一设计理念，龙头、龙身和龙尾都被赋予了各种不同的功能。建筑西边的龙头经过抬升

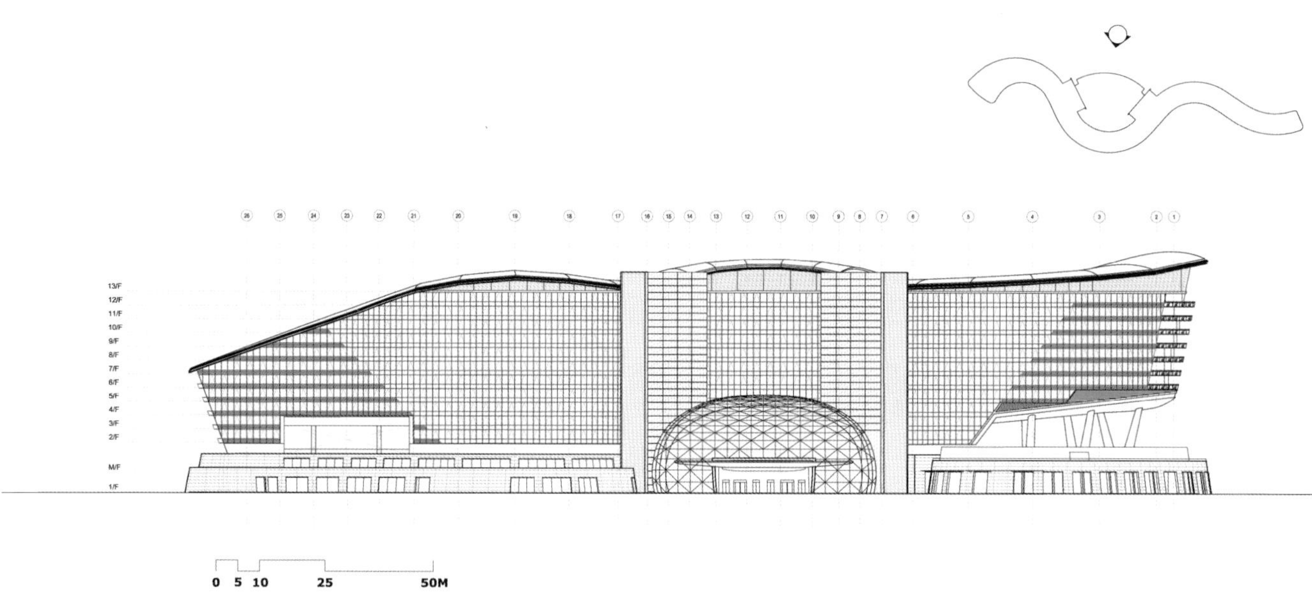

早期构想方案，包括星形设计、帆形设计和波浪波形设计（**上图**）描述了大梅沙喜来登度假酒店设计思路的发展。

酒店北部的立面图（**下图**）。

显得更加突出，总统套房和行政豪华套房设于此处。龙身处设有酒店标准房间。龙尾向下，设有具有户外花园露台的商务客房。

沿着两旁种有棕榈树的单向道路可以进入酒店，入口处闪现了建筑物的伸展和起伏特征。中心大厅出口处有一个圆型屋顶，由交通筒和宽 50m 高 35m 的建筑基座支撑。虽然建筑物的外形不对称，但是因为具有网架结构，所以不需要支柱。巨大的空间令客人惊叹，无限的海景也令他们感到震撼。

在喜来登酒店集团的经营和管理下，大梅沙京基喜来登度假酒店作为深圳的标志性建筑，凭借优美的自然风光吸引了来自毗邻城市（比如香港、广州和澳门）的许多旅游者和海外旅游者，从而为这里成为国际度假胜地作出了突出贡献。

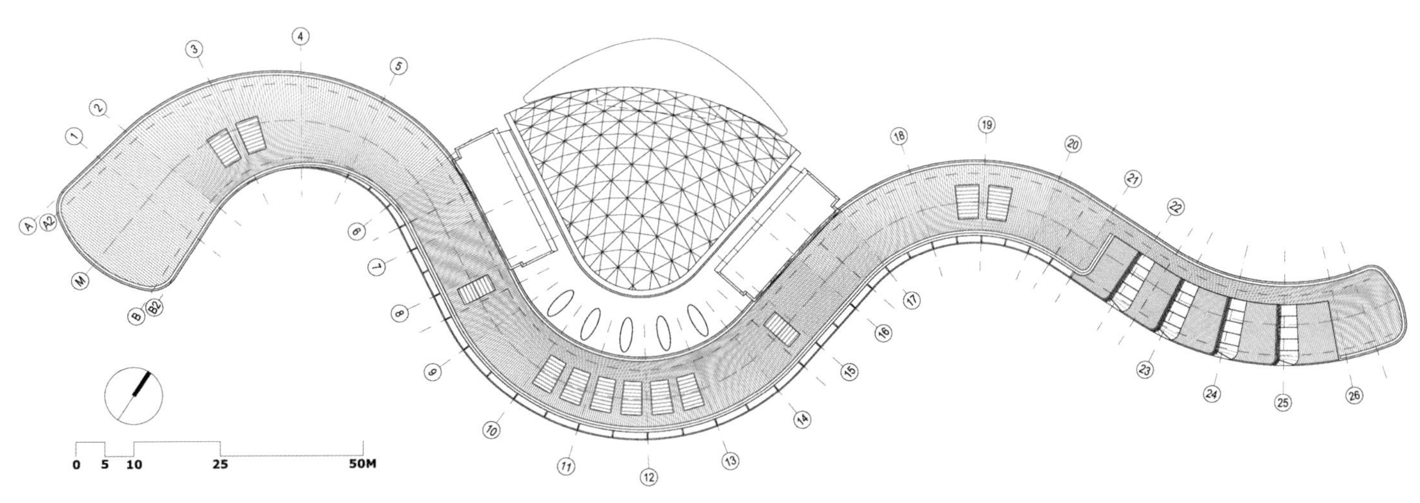

波浪波形建筑设计的草图（**上图**）。

从上往下看，酒店的外形蜿蜒曲折（**下图**）。

大梅沙及其周围绚丽的风景。

其中一栋别墅。

度假酒店的无尽端式游泳池与酒店的蜿蜒外形交相呼应，同时也隐喻了附近湿地公园的景观。

网架天幕特写，它为酒店创造了一个壮丽的入口。

大梅沙酒店的夜景，其外形神似传统中国龙图腾。

京基金融中心

地点：深圳／**业主：**深圳京基房地产开发有限公司／**日期：**2004—2010／**总建筑面积：**417100m^2

京基金融中心是深圳市最高的摩天大厦，TFP的设计使京基金融中心建筑融合了世界顶尖科技、高效创新且持久的绿色特征并凸显了标志性的形象。

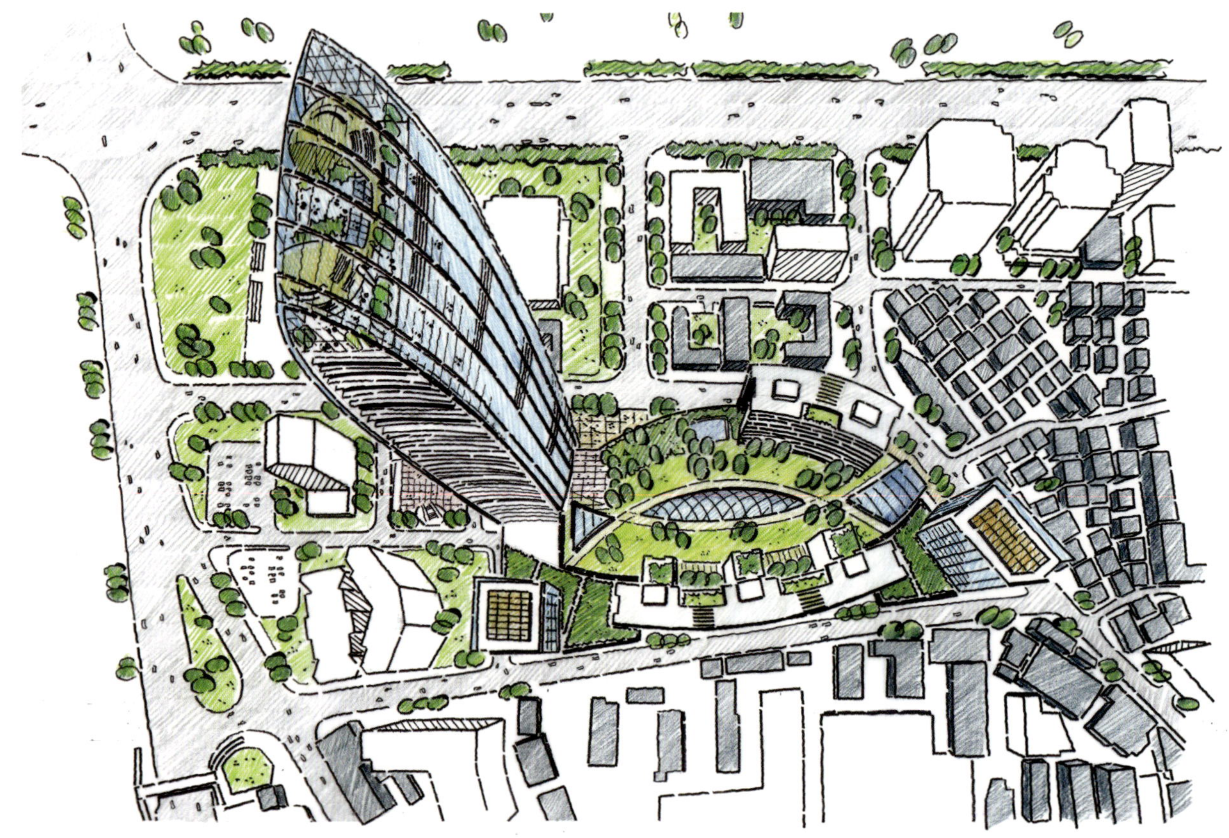

TFP 设计了大量的世界一流建筑，并于 2006 年在其提交的设计规划文件的支持下赢得了深圳京基金融中心的建筑设计权。深圳京基金融中心位于罗湖区，在这里可以纵观整个深圳市和附近城市的全景。金融中心高 493m，一共 98 层，将于 2010 年竣工。竣工后，它将成为深圳市最高的大楼和世界第八高摩天大楼。

让观察者感到最惊叹的是京基金融中心略微弯曲的外形。这种流体形状和反光表皮使人联想起喷泉，言外之意就是财富与繁荣来自深圳的经济腾飞、中国现在空前的经济增长以及京基集团的知名度。

除了美观之外，大厦的优雅外形结合了理性的设计，大厦的位置保证了最广阔的露天公园和城市视角，外围护结构采用环保幕墙。从而使大厦能够维持最佳室内环境，同时尽可能减小潜在太阳辐射热量的获取。系统的模块化设计节省了成本。

大厦与容纳大型购物中心的裙楼相连，在另一侧与地铁站直接连接。它具有多功能的空间，整合了环境、景观和自然采光，从而形成了一个高质量的生活环境和工作场所。

>>

京基金融中心的早期设计草图。

一旦竣工，京基金融中心将成为深圳市最高的建筑。

各楼层具有不同用途：普通住宅（**上图**）和高档住宅（**左下图**）、公寓式酒店和办公室（**中下图**）以及商业零售（**右下图**）。

最终确定的总体规划（上图）。

裙房立面（左下图）。

裙房商业主要立面反映了大厦的几何外形并与整个规划相统一。

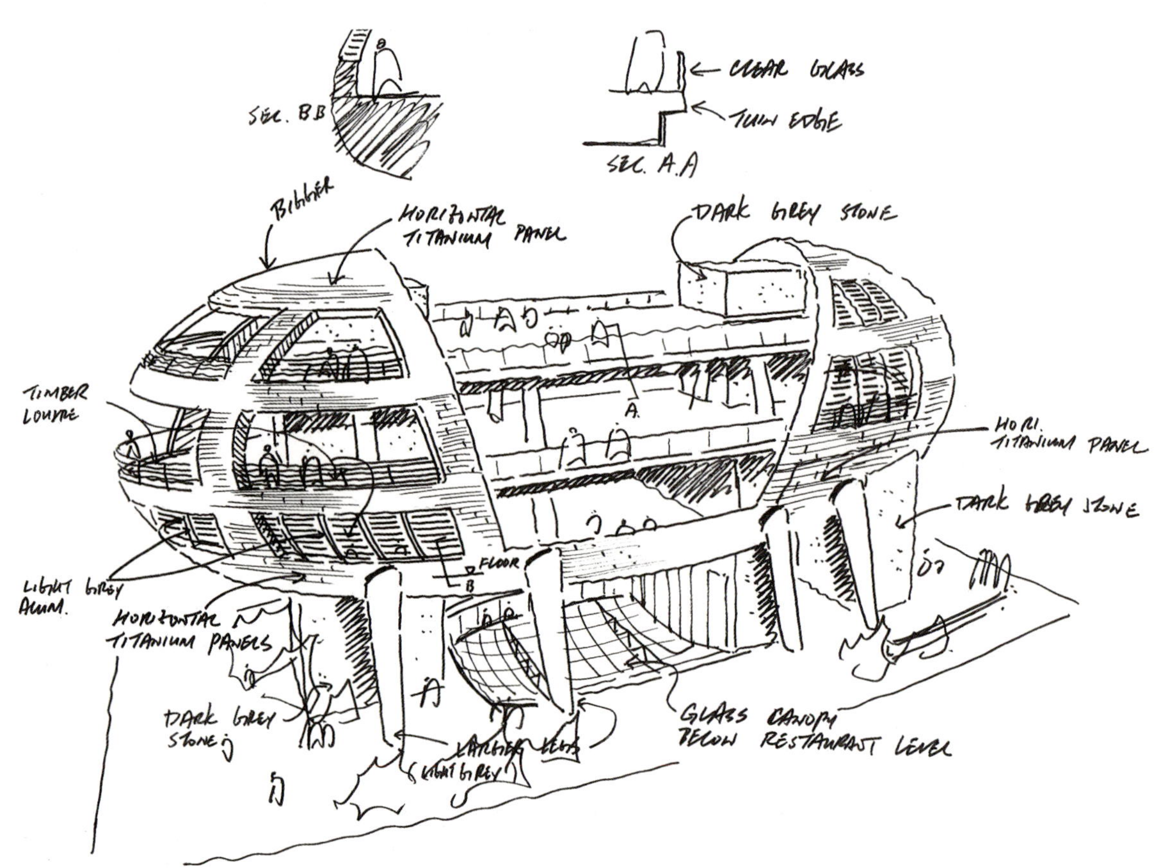

大厦酒店部分的剖面示意图（**见右上图和左上图**）。

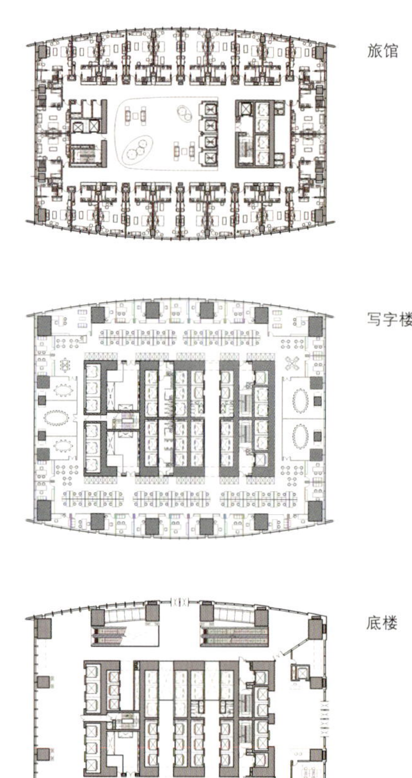

塔楼共有 98 层。

大厦顶部是一个令人惊叹的观景台。

建筑楼层具有三个主要功能。4–72 层为 173000m^2 的甲级办公楼，其中贸易楼层超过 7 层（均匀分布在办公楼层的主体部分）。75–95 层为 6 星级豪华商务酒店，容纳了 250 间客房和高级套房、顶级会展中心以及一个健身中心。建筑顶层是美丽的空中花园，酒店的餐饮场所将修建于此。

大厦的外形曲线使楼层空间各不相同，楼与楼之间 4m 左右的高度足以使太阳光照进室内。周围设置的立柱为每个楼层提供了畅通的工作环境和面向荔枝公园、人民公园以及整个深圳市和附近城市的宽阔视野。电梯、机电入口和服务用房位于长方形中央核心内。这一设计通过提供通向四面疏散楼梯的入口走廊，为租赁者提供了许多机会。

为了补偿办公布局的灵活性，每个楼层都设计有一个共同的特征。传统办公布局只提供四个转角办公室，然而京基金融中心却可以提供八个转角办公室，这通过切割塔楼转角实现。除此之外，这种设计还极大地减小了作用于建筑结构的风力。由于每层楼具有八个转角办公室，因此在为住户提供最佳办公区的同时还可以对每层楼进行更加详细的划分，从而确保了更高的利用率。

>>

透视图表明建筑物高品质的环保立面。

TFP 的目标是设计一个可持续性建筑。主要绿化建议包括环保建筑形式和外围护结构、节能建筑服务系统、冷却系统以及高级建筑能源和环境模拟技工的应用。

然而，TFP 的设计范围与大厦相比非常广泛——整个区域被重新开发。当地居民回迁至五幢 100m 高的住宅楼中，该楼具有曲线外形以获得面向周围公园和城市景色的最广阔视野。两幢写字楼已确定为甲级办公楼。

京基金融中心的位置和规模及其灵活的设计，将使它成为引人注目的建筑，成为促进中国最成功经济特区发展的催化剂。我们确信这座建筑在促进经济增长和繁荣的同时将极大地改进周围城市肌理，凭借其自身非同一般的建筑质量，它将成为深圳市的标志性建筑。

建设中的京基金融中心。

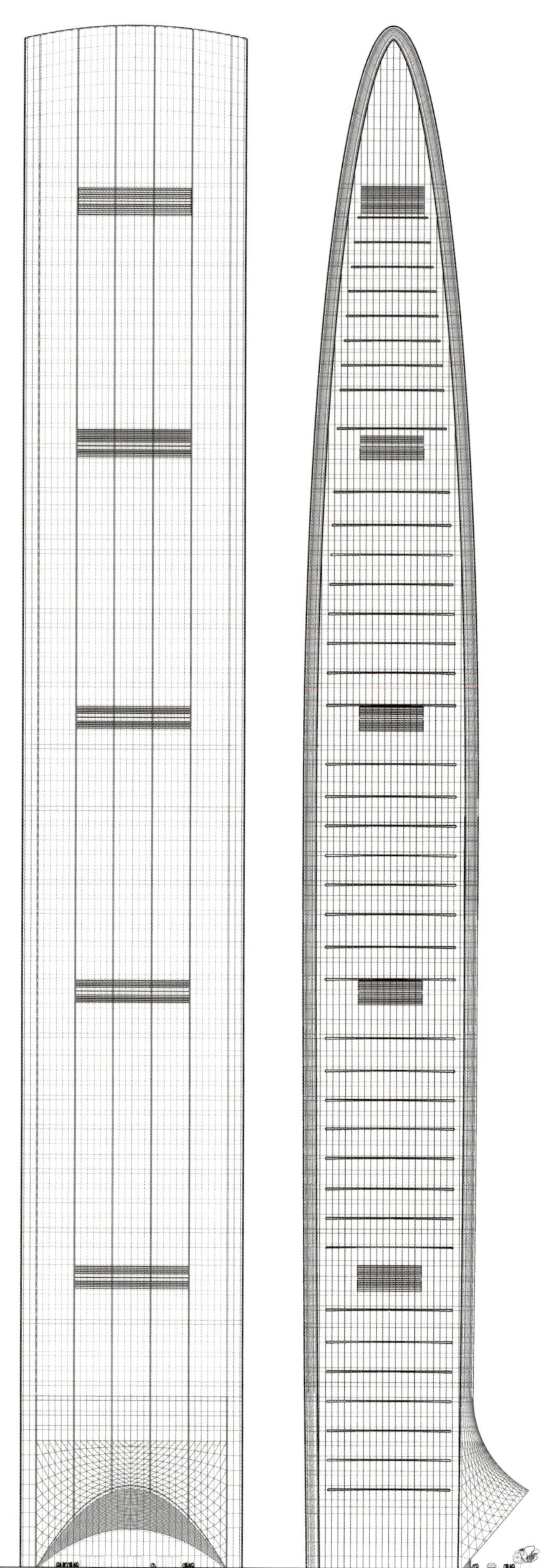

塔楼南向立面和西向立面图。

塔楼的建筑特色体现于顶层的花园平台和餐饮场所。

广州作为广东省省会是“海上丝绸之路”的起点。它有七个港口、两个干线铁路和670万居民，是当代中国珠江三角洲地区的经济龙头。

广 州

· 番禺映蝶蓝湾

· 利通广场

· 广州南站

广 州

广州市是广东省最重要的贸易中心，摩天大楼遍布其中。

广东自古以来就是一个繁荣的港口，其发展证明一个新的城市正在兴起。

TFP 广州日报集团大厦设计方案。

历德雅舍住宅项目透视图。

广州见证了中国当代的迅猛发展，从古至今都是一个繁荣的城市。它历史悠久，也是中国南方广东省的省会。在其丰富的历史长河中，广州依赖自己毗邻珠江的得天独厚地理优势，建立了成功的海上对外贸易，成为中国其他省市的贸易通道并最终发展为国际性城市。

然而，由于"文化大革命"中国采取闭关锁国政策的影响，广州开始衰落，并在香港的反衬下显得黯然失色。大量的广州古建筑被毁，面貌雷同的新建筑物到处修建，直到总体规划对广州市的盲目发展进行了一定程度的规范，这种情况才得到缓解。

广州在经济方面因接近香港而得益，它扭转了财政状况，逐渐从下滑中恢复了元气。如今，广州市占地 16000km^2，居住人数达 700 万，已成为中国内地最重要的贸易中心和繁忙的港口之一。由于《紧密经济伙伴关系（CEPA）》的实施，广州将其在制造、科技、市场资源和人力资源方面的优势与香港和澳门的优势进行了整合，形成了生机勃勃的泛珠三角经济区。

大量的资金投入到广州市基础设施建设中，目的是加强城市经济的可持续发展和与香港、上海进行竞争成为中国南部的金融中心。因此，广州拥有完善的海、陆、空交通运输网络，有七个港口、广州白云国际机场（中国三大航空中心之一）和两个干线铁路——京广铁路和京九铁路——从中国北部向南部延伸穿过广东省。

全球知名建筑事务所 TFP Farrell Limited（简称 TFP）在 1998 年参加了广州日报报业集团文化广场的国际设计竞赛，从而开始了在这个迅速发展的城市创作。该项目涉及 250000m^2 的公共艺术建筑群，包括当时中国最大新闻出版机构的总部——广州日报社、1 公顷公共广场、一个城市图书馆、一个展览中心、一个艺术中心以及一个五星级酒店（具有配套商业设施空间）。这个建筑群被认为是一个文化磁场，为广州市增加了生机和特色。

尽管 TFP 方案通过六个阶段的评审，赢得了此项竞赛并最终被委托设计合同，但项目转让，设计却并未最终实施。尽管如此，该方案在复杂的商业环境中证明了 TFP 公司的实力、前瞻性和对中国建筑市场的贡献，项目中存在的大量建筑设计之外的问题对工程的实施和推动产生了主要影响。

TFP 在 2005 年实施了在广州的又一个设计，当时它与北京市建筑设计研究院及铁道第四勘察设计研究院共同合作参与新广州站的设计竞赛，并赢得项目的设计权。新广州站是一个综合交通枢纽，载客范围达到 3 亿人，是中国四个主要干线枢纽之一，是在中国第十一个五年计划新铁路政策的支持下建成的。

新广州站是中国最重要的项目之一，体现了现代广州的迅速城市化以及建筑师所采用的在设计中融合城市历史的方法。

番禺映蝶蓝湾

地点：中国，广州，番禺/**业主**：庄士工程有限公司/**日期**：2005—2007/**场地面积**：266932m²/**总建筑面积**：473014.45m²

番禺映蝶蓝湾是一个面积约为267000m²的位于珠江三角洲地区中心处的一个新建居住区，其中有住宅建筑和包含许多商业设施的配套建筑物。TFP结合项目周围的河流、绿地以及葱郁的山丘构建了一个理想的城市花园。

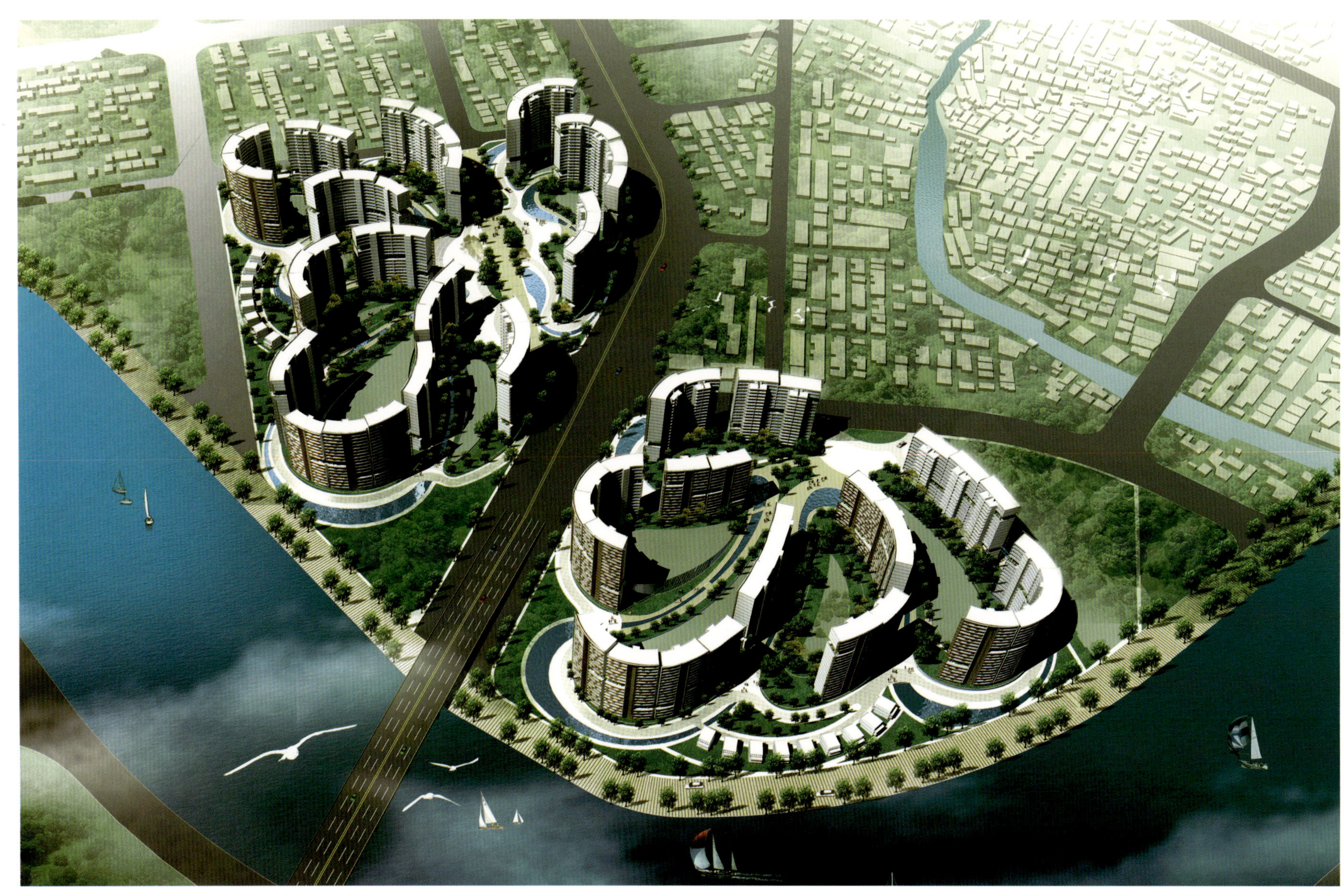

TFP总体规划的目的是设计一个花园般的居住环境，它是周围自然风景的延伸。蝴蝶外形和彩色标志为设计提供了灵感，每个住宅组团代表蝴蝶图案的不同部分并具有自身的特色。例如，其中一个组团为俱乐部，而另一个则将竹林引进了这个项目。

建筑师认真考虑了建筑物的位置、形状和面积，以便他们与邻近的风景相互呼应，尤其是尽最大可能使建筑朝南。尽管存在限制因素，但建筑师还是有意地改变建筑高度，以获得最广阔的景观视线并为整个规划创造一个生机盎然的建筑体形。

高层建筑具有曲线外形，反映了规划中接近自然这一主题，它们形成了各种中心公共空间。除此之外，还

番禺映蝶蓝湾的概念图受到蝴蝶双翼上图案的启发。

设有挑空高度空中花园，从而扩大了通廊视野和增加了自然特色。除了生态方面的作用，这些花园还可用于举办社区活动，以促进社区居民之间的社会交往。

总体规划之后，TFP 接受委托为番禺映蝶蓝湾（一期）设计详细的平面和立面设计。三处呈放射状用地设置有 11 个高层，每个高层共用一个入口大堂和两幢居民楼，底层设有花园。丝带状的水系流经高层的裙房部分，开敞空间用于进行户外活动。位于重要位置的俱乐部可以为居民和公众提供娱乐设施以及商业设施。

交通、视觉连接和空间布置是贯穿整个设计的三大主要原则。景观结构遵循人性化原则。在设计建筑及其与商业区和居民区的连接时，考虑了行人的便捷和生态平衡。精心设计的观景通廊减少了建筑物内封闭自然环境的影响，同时确定了建筑物之间的最佳距离。

TFP 的目的是在生机勃勃的绿色环境中营造一种清晰的归属感，这一愿望目前已变成现实。

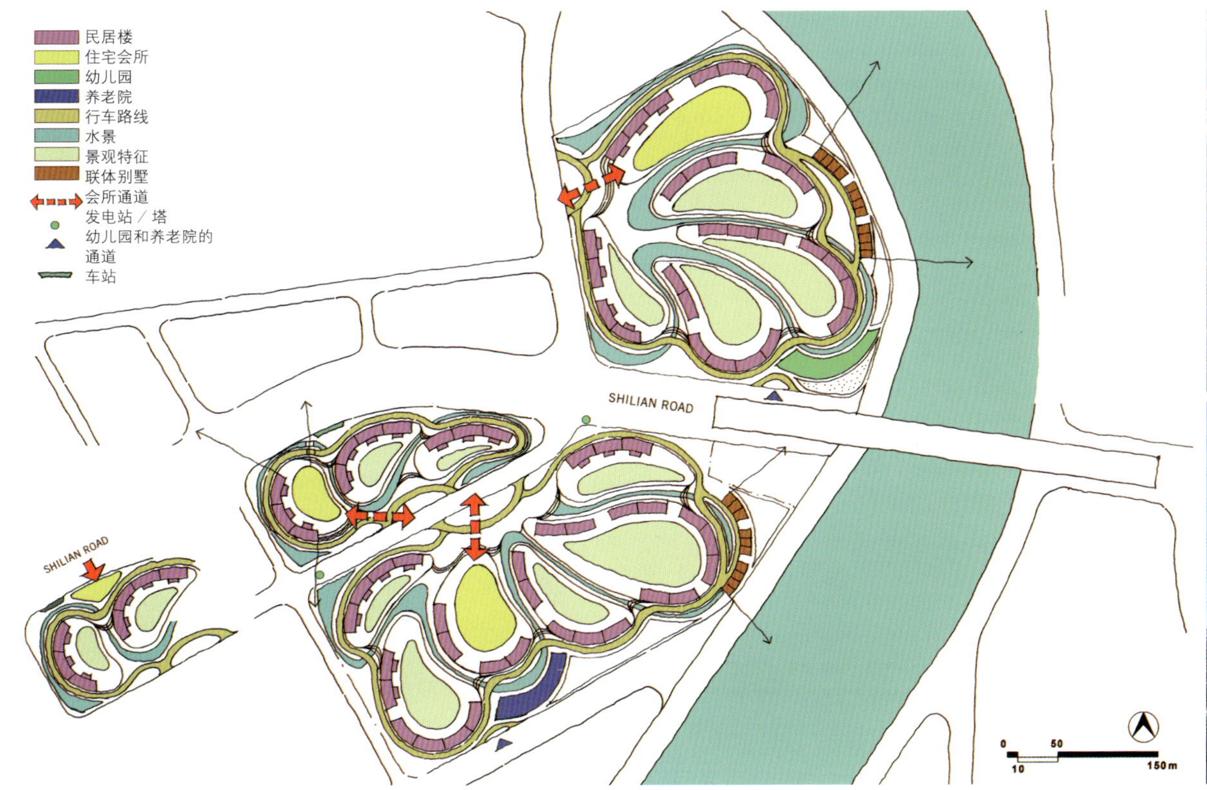

番禺映蝶蓝湾总体规划的功能分区。

方便行人的散步长廊贯穿整个建筑（上图）。

曲线形塔楼高低错落，从而形成了观景通廊和中央开放空间（下图）。

广州中心区域利通广场的规划。

利通广场

地点：广州/**业主：**广东省交通集团/**日期：**2006/**场地面积：**9916m²/**总建筑面积：**118200m²

尽管广州有许多建筑物，但是利通广场却是整个城市高品质环保标志性建筑的象征。

广州通过创建珠江新城这样功能完善的新区，不断地扩大承载力和人口。利通广场位于广州的商业中心区。TFP 将其设计为独特的现代化超高层建筑，作为总体规划中北侧的标志性建筑。

利通广场高 273m，周围环境优越，从这里可以看到公共绿地、园景花园、南边的广州塔以及便利的交通运输服务。它补充了此区域的高级办公设施和文化设施的不足，可能进一步刺激广州的经济增长并改进附近建筑物的品质。

利通广场的塔楼造型源于现代构思，而其组成元素（比如挑檐）却使人联想起古老的六榕寺花塔。塔楼的外形采用一组组与塔身分离的片状语素，如同一簇簇盛开的鲜花。塔楼具有高效的环保围护结构，从而确定这一建筑能够维持最佳的室内温度。

公共广场具有广阔的景观视野，从而使塔楼的外形更加明显。建筑西侧抬高的步道与底层路径一起为行人提供了方便。大型餐厅和会议设施位于塔楼下方，从而为行人的通行空出了地面，除此之外，它还通过入口处的开敞获得了大量的自然光线。

利通广场充分表达了既定的设计风格，并具有可持续发展的特色，低碳的设计充分结合建筑理念、节能理念和创新理念。这些都在不影响建筑美观的同时减少了碳排放。

建筑正面的百叶遮挡了宽敞的大厅，同时过滤了自然光线。

广州南站

地点：广州/**业主**：中华人民共和国铁道部/**日期**：2003—2010/**场地面积**：254700m²/**总建筑面积**：486000m²

对广州南站建筑的设计是一个极为庞大的工程。然而，除了设计外形和功能之外，TFP还必须在规划时考虑地铁站与两个已建城市的连接，以及其作为城市未来发展引擎起到的作用。

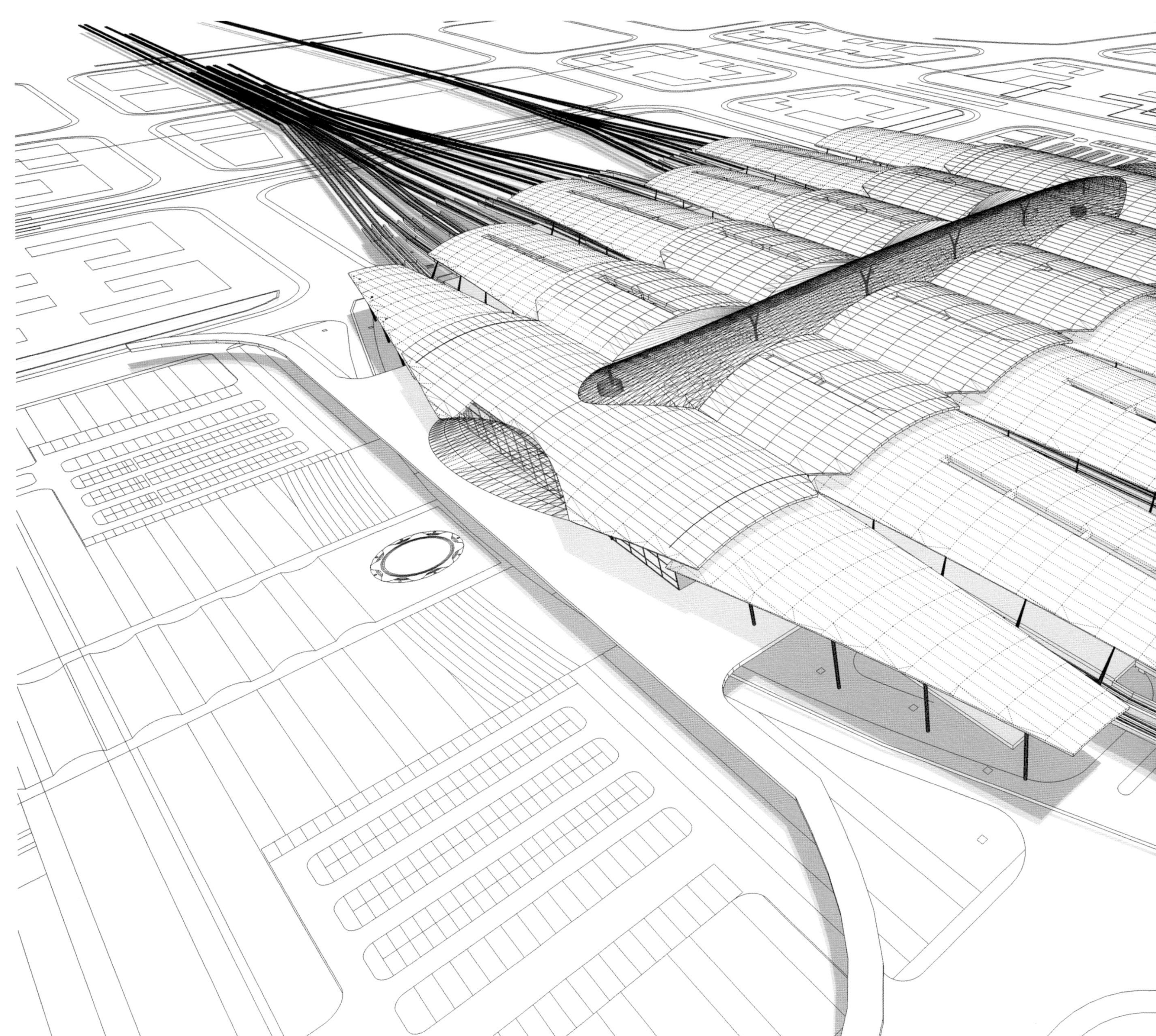

"超大型"新广州站的白描透视。车站外形受芭蕉叶的启发。

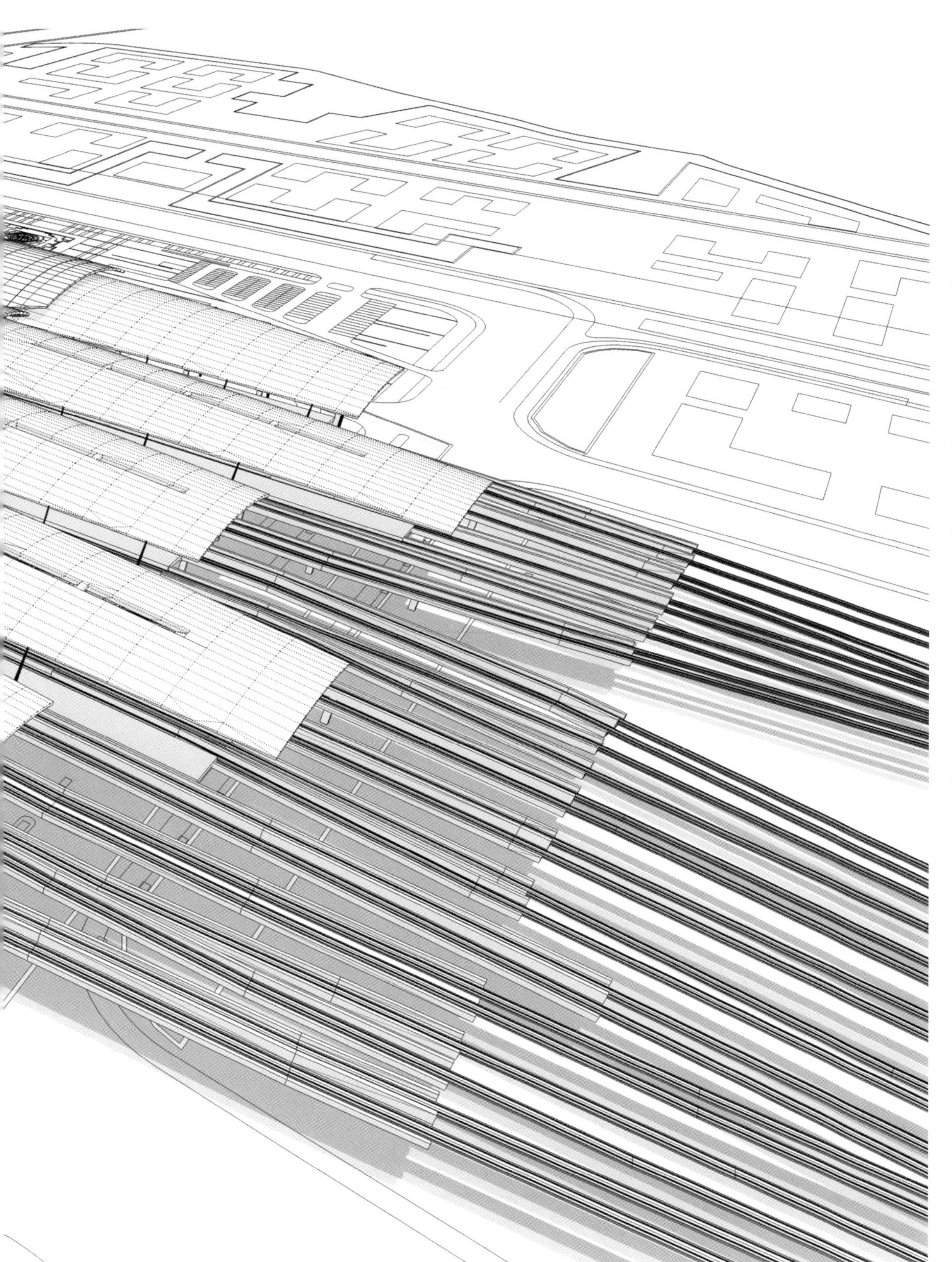

广州南站是规模最大的车站，它长 590m，宽 350m，大约是伦敦查灵交叉路口站的三倍，在 2010 年竣工后，它将成为亚洲最大的火车站和世界最大的火车站之一。

广州南站地处珠江三角洲的中心位置，位于广州和佛山之间。它是一个综合交通枢纽，载客量达 3 亿人次，是中国四个主要干线枢纽之一。除了铁路服务之外，它还是其他运输方式，包括出租车、社会车辆、地铁和公交车的转运中心。

当 TFP 与中铁第四勘察设计院和北京市建筑设计研究院开始合作实施此项目时，项目的规模、及距广州或佛山市中心的距离令他们感到惊叹。新建车站并非仅服务于现在的旅客，而是火车站所处位置、空间布局以及设计理念将吸引人们来到这里。它将成为启动新区发展的催化剂，同样，一个新区的建设也将促进车站本身的发展。

为了能够在 2030 年承载超过 30 万的日流量，设计者们采取了明确的车站平面布局。受机场设计的启发，他们采用了分层到达和出发的设计，以提高载客量。

车站超过 6 层，设有电梯和自动扶梯。位于最高层的高架站厅用于出发候车，它具有宽敞舒适的候车室，在这里乘客可以了解自己等待火车的时间。其下方是供高速长途列车使用的 28 个站台，站台经过高架以防止损坏下方生态易受破坏的湿地。

站台的下方是车站的最底层，在这里城市与车站交汇。由于铁轨被高架，因此行人可以自由地出入车站，这一层也被认为是到达离站的理想选择。到站乘客在这里可以很容易地换乘其他交通工具，如城市地铁系统（占据了铁路站地下三层）。

>>

受芭蕉叶的启发，车站的顶层设有纵向天窗，它为车站的最高层（候车层）提供了充足的阳光。雨棚覆盖了部分敞开的站台，以促进新鲜空气的流通。雨棚空隙位于铁轨之间，以便自然光线照进底层站厅。顶部表面为曲线，其构件可以保护车站不受台风的影响，并可以阻止火车经过时产生的气流效应。

顶层中间是一个中央通道，它连接了车站的东西端并隐喻了广州和佛山之间行人的行走方向。入口最宽，中心最窄，从而反映了乘客数量的变化，其复杂的曲线外形与下方的交通组织相对应。车站两端的入口雨棚以相同的外形和构造结束了中央光廊的继续伸展，为下客区提供了庇护。

一个高效的车站会使乘客知道自己身在何处，将去向哪里。TFP 设计车站的另一个理念是尽可能将无柱空间开放，并帮助乘客确定正确的方位。68m 跨的使用意味着上层候车室不需要支柱，其他层的乘客可以使用自动扶梯、入口和相应设备。

为了建造一个花园式车站，TFP 的主要规划方案考虑了建筑内外的景观。两个景观广场构成了车站的入口。其他环保特色包括自然通风和照明装置，以避免过多的空调设施、人工照明装置和太阳能光电池的使用。

广州南站所具有的前瞻性设计使其远远优于其他车站。没有人能够预见未来 50–100 年车站周围的城市将发生什么样的变化，因此设计者赋予了此车站十分灵活的结构，最上层出发区可以进行调整，更多的站台也可以增加。

>>

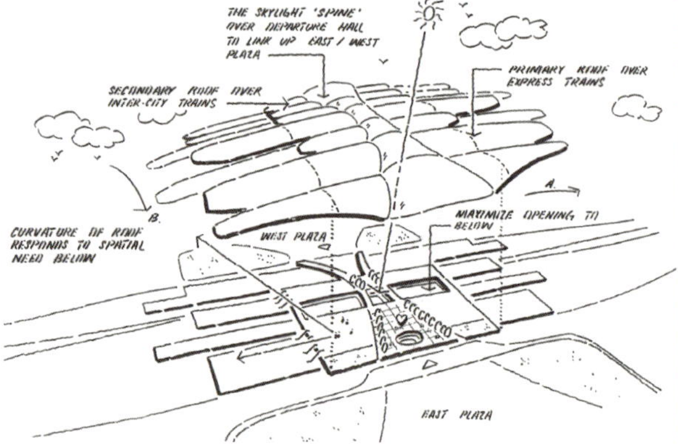

车站的顶层设计融合了多种因素，比如天气、光线和空间需求。

空中拍摄的车站（**上图**）和兴建中的车站（**下图**）。

中央客运廊采用自然采光并连接东西两端。

同机场设计相同，车站的到站区和离站区是相互分离的，候车室既宽敞又舒适。

尽管项目尺度宏大，但是新广州站的设计仍然在功能和形式的结合上实现了令人惊叹的平衡。这是通过组织的紧密结合实现的，它赋予了车站独有的特色。火车站不仅促进了新城市的形成，还极大地刺激了区域经济的发展。

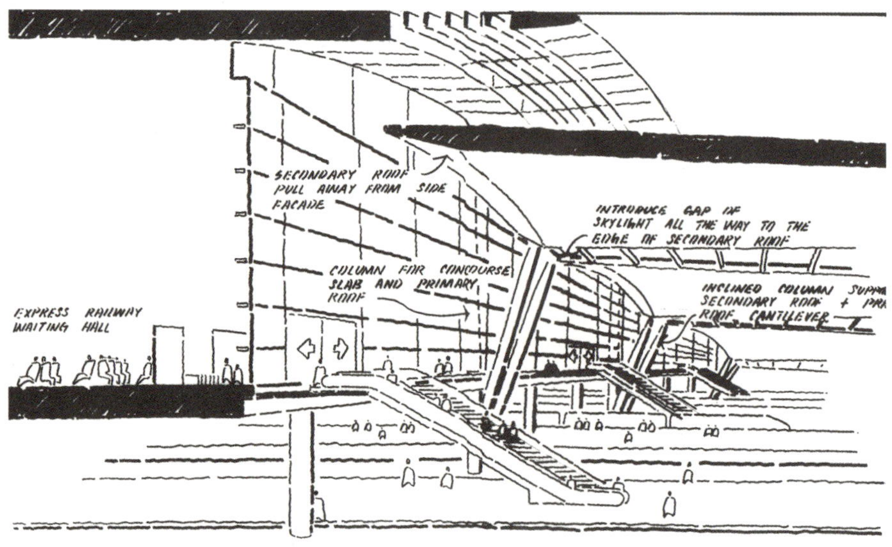

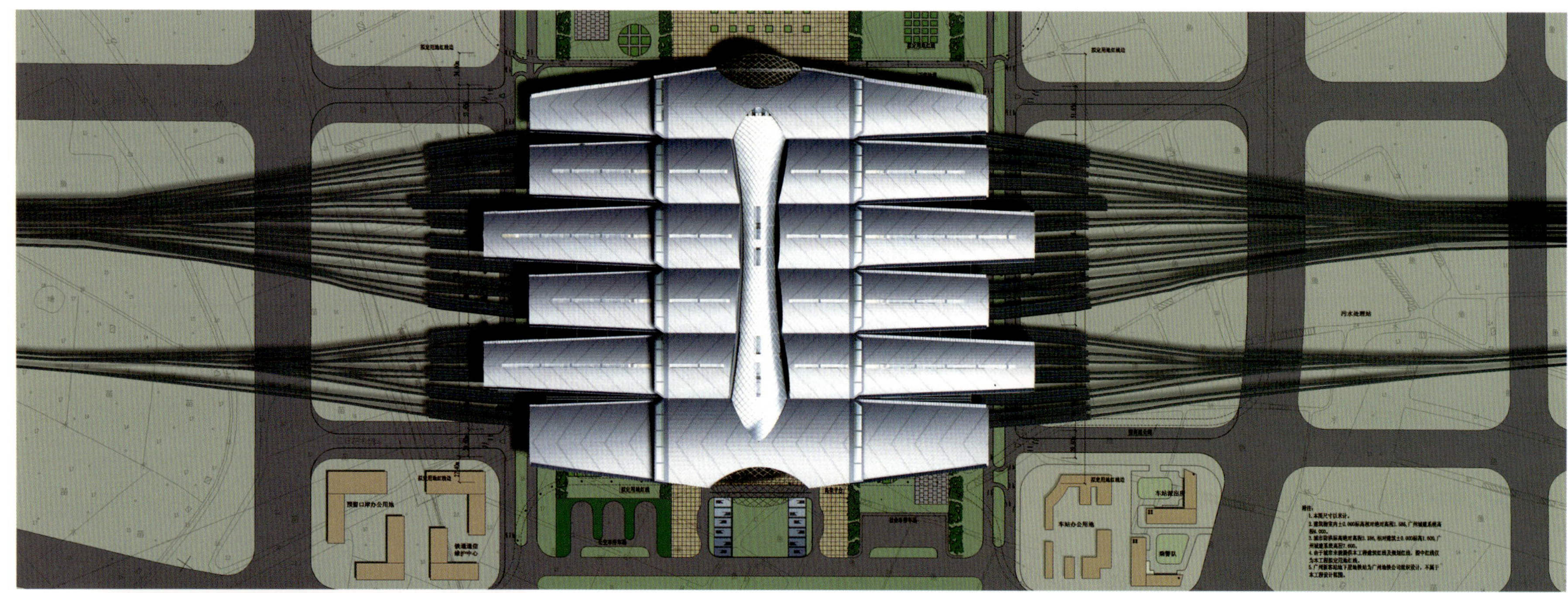

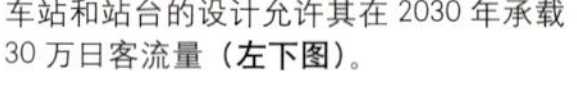

车站和站台的设计允许其在 2030 年承载 30 万日客流量（**左下图**）。

中央站厅的剖面（**右下图**）。

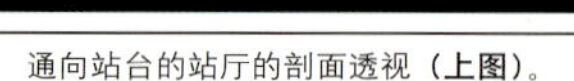

通向站台的站厅的剖面透视（**上图**）。　多拱顶层屋顶平面图（**中图**）。

开放式到站站厅使人联想起机场候机楼，并可以帮助乘客找到正确的方位。

上海位于长江三角洲岸，不仅是中国最大的城市，也是世界上的第八大城市。它的转变可与中国经济的迅速腾飞并驾齐驱。

上 海

· 东亚银行金融大厦
· 华尔登广场
· 上海南京东路179街区重建计划
· 崇明岛总体规划
· 虹桥站

上 海

上海占地面积超过 6300km^2，因其活力，一直具有引人注目的光环。当它在 19 世纪还是一个港口城市时，其发展就呈现一片繁荣景象。到 20 世纪 30 年代，上海被称为"东方的巴黎"，已成为一个兴旺的工业城市。当时英国人、美国人和法国人生活在各自的租界地，他们享有特权可不受中国法律管制，此时上海已深受西方文化影响。

然而，随着第二次世界大战内战、及其后的"文化大革命"，流动人口和上海本地人都纷纷大批离开了这个城市。与中国其他城市一样，上海被剥夺了"资本主义"的发展方式，与西方和世界经济相隔离，经济开始下滑。自 20 世纪 80 年代改革开放以来，上海的经济迅速恢复，与中国经济的腾飞并驾齐驱。目前上海已成为中国最重要的文化、金融和政治中心之一。

上海市中心被黄浦江分成两个明显不同的区域：东面是浦东，西面是浦西。浦西是上海传统的区域，试图建成中国式的现代城市；而浦东则标志着上海的未来发展。

20 年前浦东地区的工业发展很慢。工业兴起之后，20 世纪 90 年代上海选择穿过黄浦江向东延伸，同时中央政府实行一个更加开放政策的决定标志着其巨大变革的开始。这一决定给城市提供了一个急需更新和走向现代化的机会，同时也重新调整了城市的工业遗产和城市形态。

浦东占地 522 平方公里（约为上海市中区面积的 1.5 倍），被看做走向中国市场的大门以及连接中国和世界其他国家的桥梁。它曾经被戏称为世界上最大的建筑工地，世界上五分之一的起重机都在这里。

上海目前总体规划的时间为从 1999 年到 2020 年，其依据是可引导大规模城市化的多中心城市结构。城市发展速度之快令人惊讶，30 层高的建筑物从 1990 年的 92 座直接攀升到 2023 年预期的 1616 座。尤其是浦东，几乎已成为纷纷展示自己才华的建筑大师的竞技平台。许多高楼大厦已经建成和仍然在施工中，上海的天际线通常几乎一夜之间就会改变。

将现有基础设施和城市结构全面改变的观点是一个新颖但有争议的战略。与其他城市一样，上海面临的是过度发展，以及从历史角度出发对城市认知的丢失。由于商业压力，里弄房屋（传统的石库门）目前正被密集的商业大厦所取代；新旧发展之间产生冲突；同时，新建筑之间对话的缺乏可能最终会造成城市规划和建设的混乱，与旧城区不同的，是新城结构对行人缺乏考虑。

TFP 承担了上海许多旧城区、新城区和未开发区域的设计工作。从保留文化遗产到市区更新，公司的创意反映了上海发展的需求和潜力，同时对其复杂但不断发展的城市结构做出了回应。

从上海滩上看到快速发展的浦东区，在众多大厦的左边是金茂大厦，曾经是中国最高的摩天大楼。

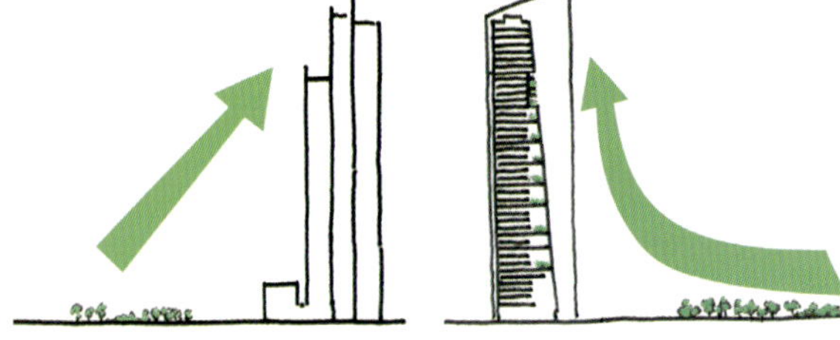

通过在各种层面上设置空中花园，在大厦内垂直可见自然景观。

分层结构给建筑一种独特的性格。

东亚银行金融大厦

地点：上海/**业主：**高鹏（上海）房地产发展有限公司/**日期：**2004—2009/**场地面积：**8128m²/**总建筑面积：**70000m²

TFP对中国环球金融大厦的设计，是将优雅的当代美学融入到了现代技术先进的建筑形式中。体现项目的高技术水平，同时响应中国对环保越来越多的关注。

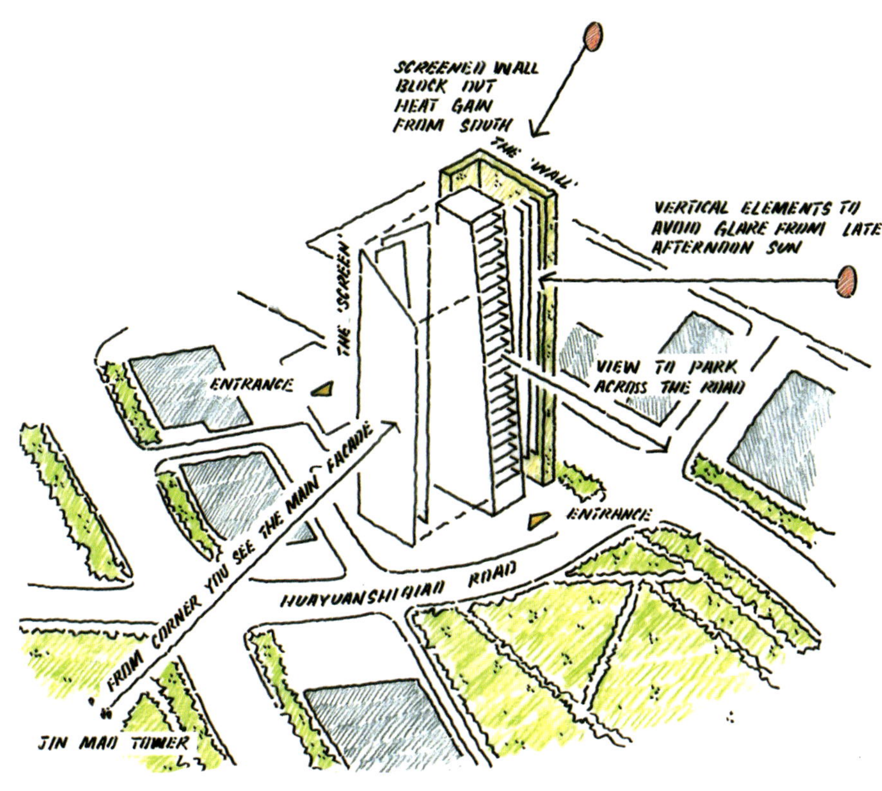

浦东发展成为上海的新中心商业区，凭借不断变化的天际线，浦东被看做上海的商业标志。因此任何新项目，不仅要响应市场需求，而且要求有利于城市的视觉和空间的需求。

在浦东的陆家嘴商业区，东亚银行金融大厦是繁华地段的A级办公建筑。高达180m，地下有3层，建筑共40层，5层平台结构，用于餐厅、公共设施和支持服务。

尽管具有俯瞰黄浦江和上海外滩的观景通廊，但场地却离滨水区有一定距离，同时与其他突出的高楼相竞争，特别是与摩天大楼－金茂大厦竞争。TFP提议的建筑结构为三个主要形式，垂直交通筒与服务核区域位于建筑两侧，建筑物的西翼高于另外两个组成部分。这种阶梯式的效果给建筑里的人们带来一种通透的感觉。

各部分的功能相互独立，这明显增添了东亚银行金融大厦的识别性，提高了观景的可能性和丰富了建筑的天际线。

通过对立面朝向、材料和技术的把握，所有外围护结构的环境效果都不相同。热量的增加幅度得到限制，使建筑的持久性最大化并提高了运作效率。

通过对太阳辐射的详细分析，确定了四种形式的表面，分别用来应对一种具体的环境因素。为了使过多的太阳辐射以及建筑物在西南和东南立面上的热负荷最小化，设计水平遮阳技术和使用更为环保的玻璃。

>>

大厦回应环境要素的对策。

西北侧需要避免低角度傍晚阳光的强烈照射，但是由于当地公园的主要景点在这一方向，所以维持景观开阔十分重要。为了保持景观和同时限制强光，西北面的大面积区域需要设计成玻璃幕墙，利用垂直格栅为室内遮阳，体现夜间的照明效果。纵向格栅不仅能使立面产生一种修长的效果，同时使立面增添视觉趣味。

东北面立面应获取更多的太阳能，装有低辐射性玻璃，以使景观最大化。TFP 以绿色建筑为理念，通过设置空中花园，使地面向上与公园的视觉连接，这些绿色空间在建筑内部可以看到。

使用其他节能系统也是设计的一个主要出发点，建筑内有一个高效的大厦管理系统（BMS）。它可以控制室内环境，可最佳地利用资源，并且可以维持内部空气温度和空气质量。

太阳能集热装置设置在大厦西南楼屋顶上，可使其性能最优化，有利于公共区域的照明并且可对空气和水系统预热，从屋顶上收集的中水也可用于灌溉和冲洗厕所。

在建筑的使用期限内，所有这些系统的计量统计有助于限制能源使用、提高开发环境意识并且对浦东天际的发展有利。

建筑的各种立面要求不同的遮阳处理和不同类型的玻璃（**左图**）。

垂直格栅到顶（**中图**）。

多层的中庭可增加建筑内的自然光，使空气更好地流通（**右图**）。

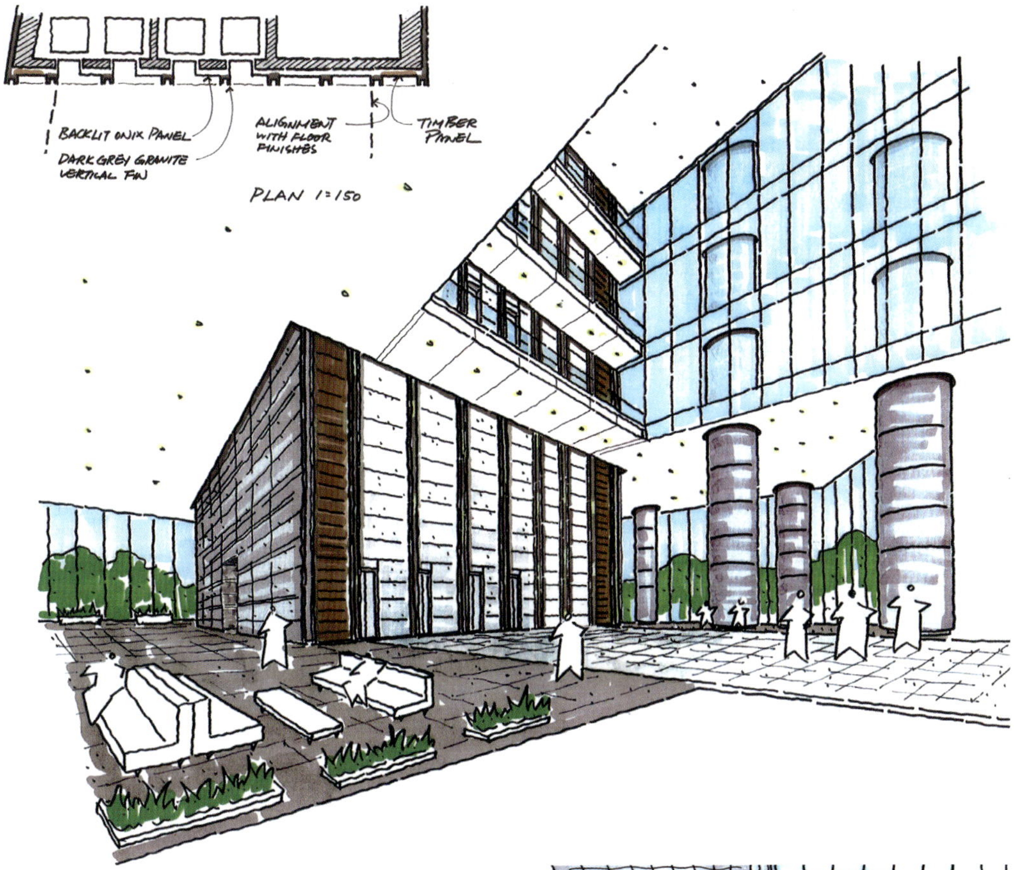

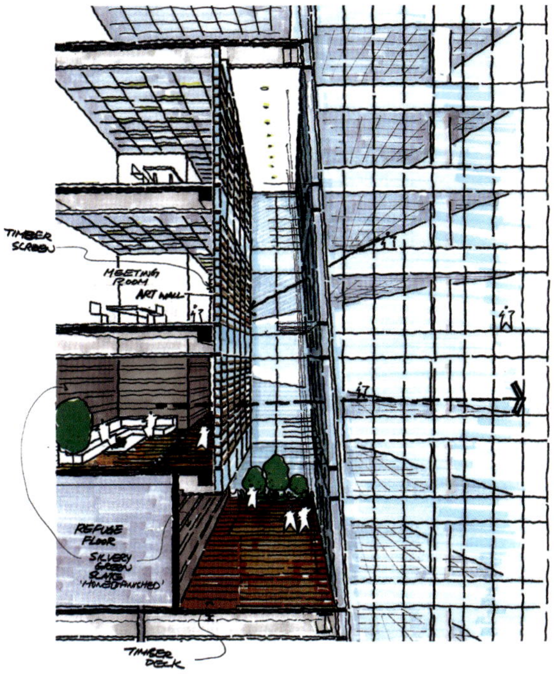

大厅和中庭空间研究（上图）。

多层的中庭可增加建筑内的自然采光量，使空气更好地流通（下图）。

建筑体形分为三个主要部分。一个中心交通简体和服务核，两侧建有两个办公区，同时西翼升起，高于其他两个部分。这样的阶梯式效果突出了建筑体型的清晰和挺拔（右图）。

华尔登广场

地点：上海徐汇区/**业主**：和记黄埔地产集团/**日期**：2002—2004/**总建筑面积**：89187m²（办公楼）

尽管TFP要依据特定要求和建筑位置来展开设计，但它对华尔登广场的设计体现出了现代设计意识，使其周围环境和谐地融入现有的建筑群中。

照明系统增加了办公楼建筑的高耸效果。

上海结合了历史和现代的气息，城市发展需要有战略的构想和创新的方法。华尔登广场位于浦西的徐汇区，属于标志性的建筑设计。徐汇区是上海市中区最大的区域之一，其中分布有部分前法租界。华尔登广场内有繁华的中高端办公和购物场所，它同时也是一个高端的居住区。

开发商试图对城市进行更新，通过将此处旧城区转变成一个高端混合使用的综合区域，使其变成这一地区最好的城市更新范例。

TFP 对项目总体规划重点是建造一个 40 层高、面积为 80000m^2 的办公楼，三栋高层住宅楼、四栋低层公寓楼和景观规划设计。依据风水原理、日照等问题，建筑的总体布局在开始设计前已基本确定。

尽管高耸的办公楼看起来特立独行，但此方案的住宅楼可保持其空间的平衡，住宅立面看起来比较厚重，高度不断变化，产生一种引人入胜的变化效果，以防止遮挡其北面低层建筑的日照。为了使场地统一，住宅组团内部庭园设计成两个新月形状，可形成一种内向、半公共式花园，供居民分享。

上海的基本要求是每个起居室每天至少有一个小时的

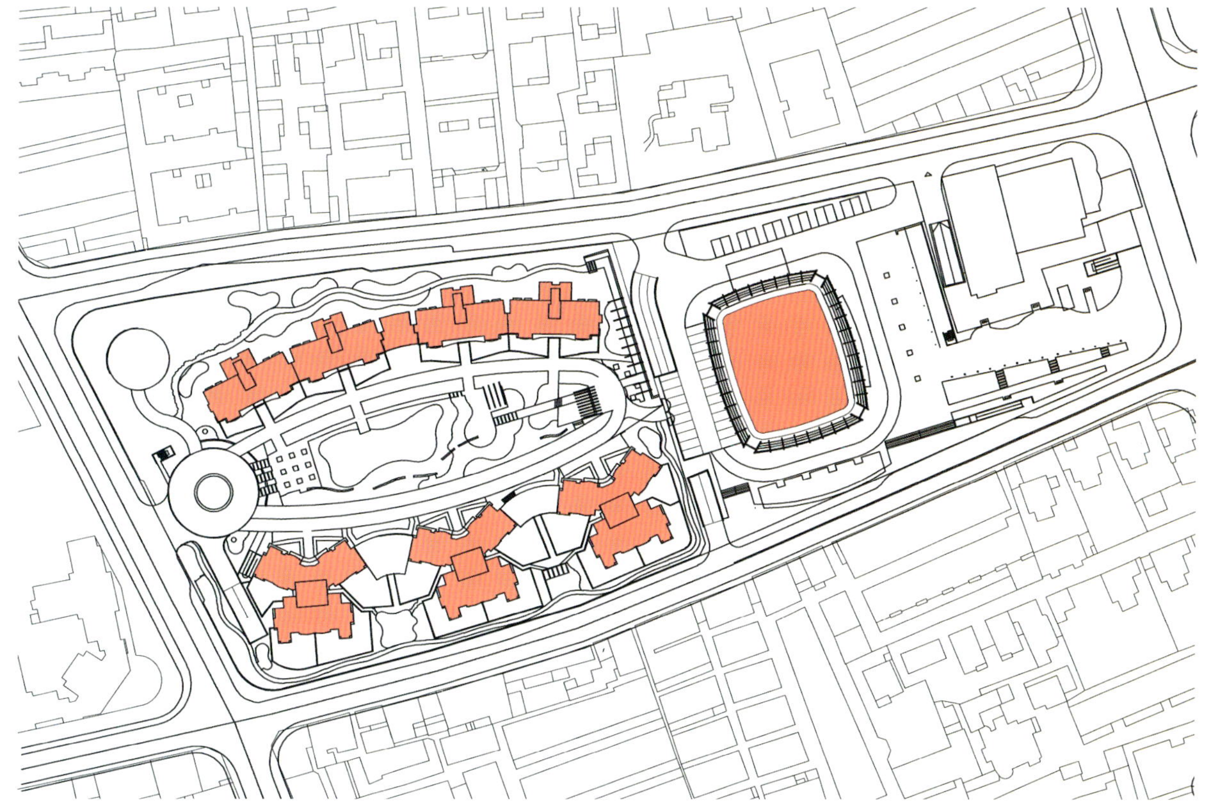

主要办公楼在场地的轴线上，俯视庭院且位于两组居住建筑之间。

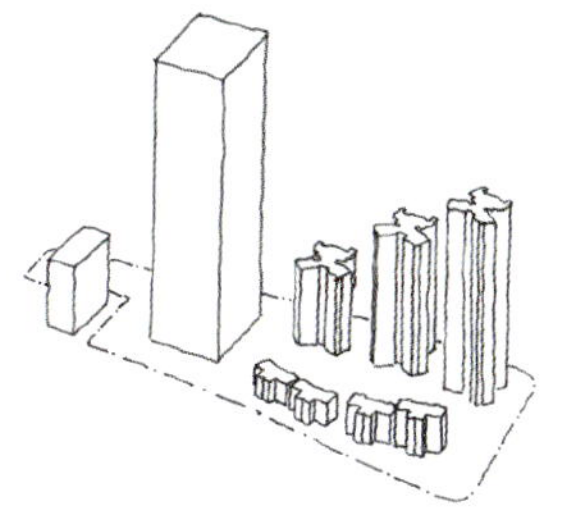

办公楼概念草图。

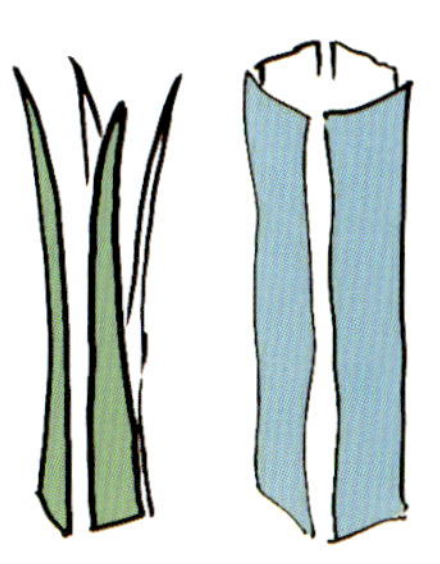

建筑剪影的灵感来自弧形的平面。

光照时间，所以办公楼的设计必须保证其阴影不会对邻近建筑产生不利影响。同样地，本项目的高层公寓不能遮挡后面低层公寓的光线，满足日照要求。

为此，TFP 为办公楼确定的设计，平面四角有凹槽，轮廓线成弯曲的弧形，向上延伸到办公楼顶端，形成独特的剪影。立面的细微曲率由矩形生成，墙面和凹角一起可避免办公楼对周边建筑产生遮挡。

由于上海幕墙玻璃可允许的最大反射率受到控制，为18%，如果整个办公楼表面覆盖一层反射玻璃，那么邻近居民在一天当中可看到一定的太阳光反射。为了保持玻璃建造现代和优雅的办公建筑的初衷，TFP 与幕墙顾问合作，共同确定使用无反射玻璃幕墙系统，这一系统与他们的低辐射涂层一起能产生可接受的遮光标准。因此光污染得到了缓解且没有改变最初的设计理念。

为了强调建筑的高度和垂直感，幕墙水平构件被设计隐藏，呈现出来的是纵向构件。立框模仿的是叶子的叶脉。立框内的玻璃格栅在幕墙表面以外伸出约300mm，以增强垂直效果、使幕墙产生一种透明和光亮感，并且降低进入的太阳能热量和强光。

办公楼使用泛光照明，照明设备安装在幕墙系统内，使曲面更为光滑。

华尔登广场是香港开发商建造的上海首要标志性建筑之一，一直受到这座城市的欢迎。华尔登广场实质上是受商业驱动建造的办公大楼，它有一种永恒但现代的气息，很和谐地融入现有的地区环境当中。

华尔登广场主要建筑形式的早期概念研究。

上海高密度的城市生活（**上图**）。

中心花园使场地上的高低层建筑相统一。

灯光效果使大厅在夜间充满活力。

雨篷下的图片（**左下图**）。

上海南京东路179街区重建计划

地点：上海/**业主：**财富控股中国有限公司/**日期：**2004/**场地面积：**11000m²/**建筑总面积：**36545m²

崭新的设计项目在上海数不胜数，但这个城市仍然力图保留其文化特色与遗产。TFP对历史建筑更新的设计，包括复兴现有的古典建筑并将其披上时尚的外衣。

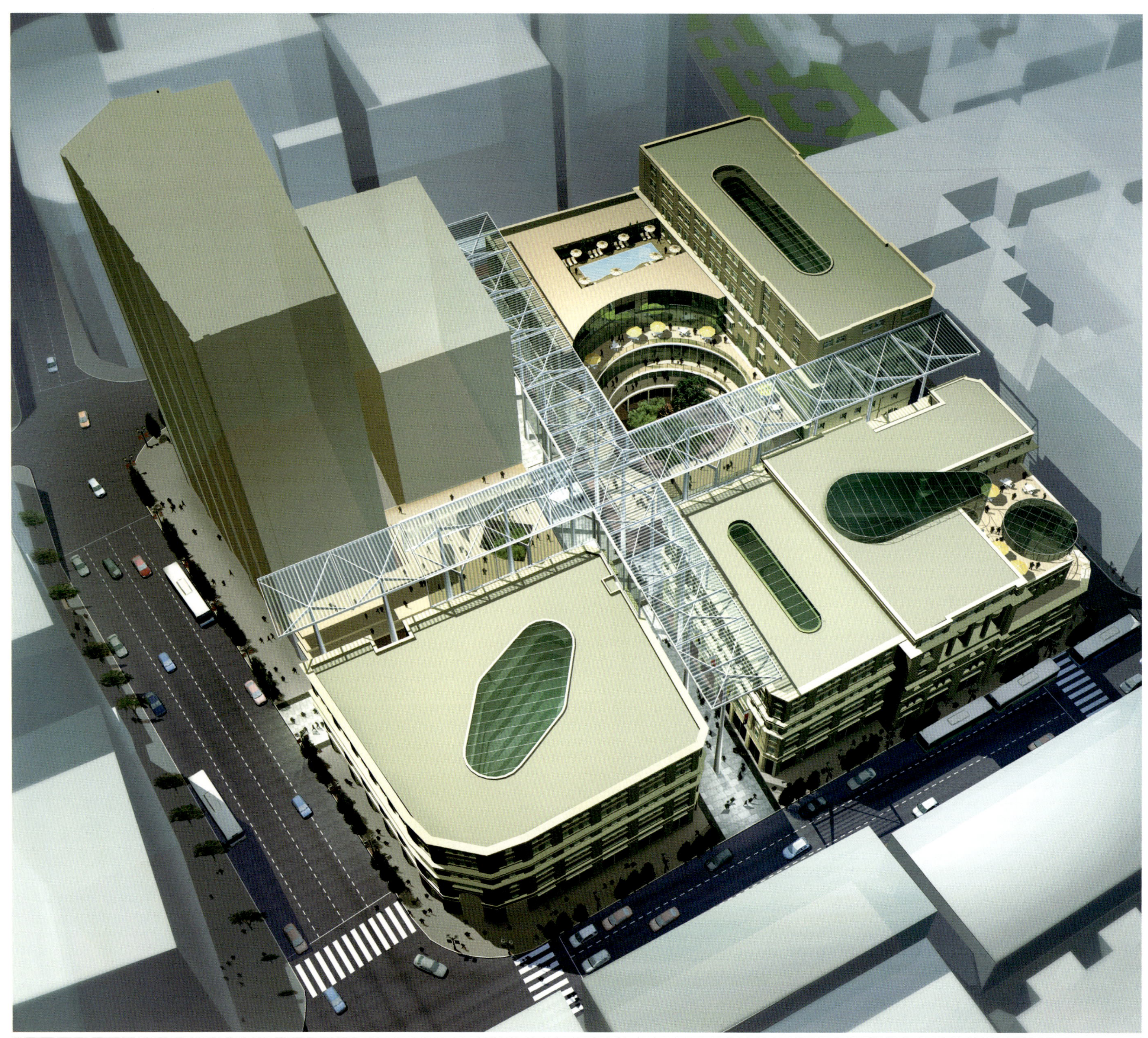

南京路179号透视展示了十字形的玻璃雨篷整合场地的构思。

2002 年上海市政府正式宣布了复兴黄浦江两岸的雄心勃勃的计划。其目标有多个，通过保存历史建筑物来增强城市的形象和文化，以及创造新的景观特色。政府想通过建立综合型功能区域和增加进入黄浦江的通廊激发滨河地区活动的发展。此外还有计划等，例如开放公共绿地和提高总体生活质量。

受任务书影响，设计一开始就以总体规划为出发点。TFP 建议的规划是重建 11 栋古典风格的建筑。这些建筑早在 20 世纪初期，就矗立于上海黄浦区南京东路 179 号。它们是南京路上建筑的有机组成部分，古老的中央市场曾经就建在这条街上。建筑的低层部分现在用来经营餐厅和酒吧。

南京东路是现代世界上最长和最繁华的步行商业街之一，它总是吸引大量的游客，同时成为许多历史性事件的发生地。从 1843 年到 1893 年，南京东路是远东地区最大的商业和购物中心。它见证了上海引进许多新设施的过程，它也是这里出现煤气街灯、自来水、电灯、有轨电车和摩天大楼的第一条街道。

>>

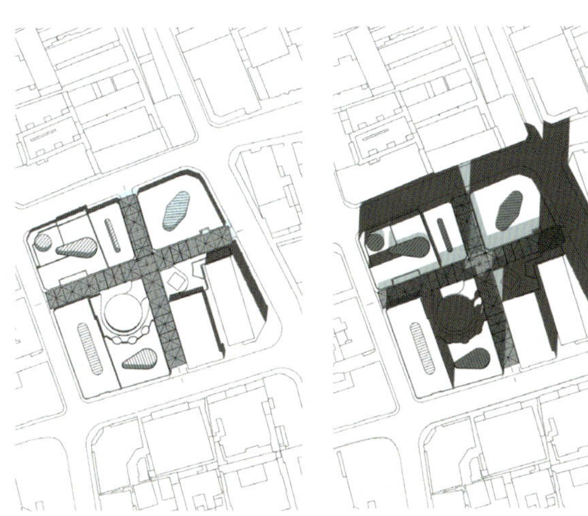

夏至（6 月 21 日）中午时的太阳路径。　冬至（12 月 21 日）中午时的太阳路径。

雨篷托架附在商业街廊入口（**左图**）的砖表面。支架与墙体（**右图**）高度一致。

融合了新旧结构特点的不同方案。
左——保留顶层原有墙体，新建墙体在后。
中——保留顶层原有竖向语素和窗下墙，新建墙体在后。
右——保留顶层原有竖向语素，带阳台的新建墙体在后。

政府旨在保留这些古典建筑原有风格和景观的同时，将它们用于现代商业用途中。这一方案将会给这些建筑注入活力，并且在保留历史价值和体现作为高端零售和餐饮场所的现代功能之间保持平衡。

这一设计概念是 TFP 对具有文化和历史意义的现有建筑进行复兴的首次尝试。建筑师对文化遗产进行评估，以决定哪些需要保留哪些需要更新。各种物业条件都不理想，建筑立面改动和修改的范围很大且质量不好。TFP 设计理念尊重原始设计且尽可能努力恢复现有建筑，将新旧设计合并到一起且场地本身特性不变。

为了将迥然不同的建筑统一起来，TFP 提议将场地重新建造成一个商业街廊，街道互相交汇且上方覆盖有一个十字形的玻璃雨篷。重新定义场地入口以吸引人们进入新的中心。

TFP 城市更新和总体规划的特长在此得到发挥，这一项目响应了城市的动态发展，它也保留了重要的历史因素，是标志性发展的一个独特特征。

一个十字形的玻璃连廊覆盖在场地交汇的街道上方，将这一区域转变成一个庭院商业街廊。

概念图的初步设想研究。

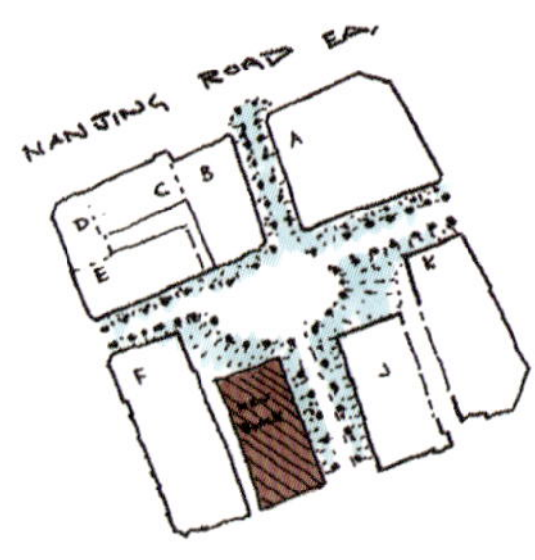

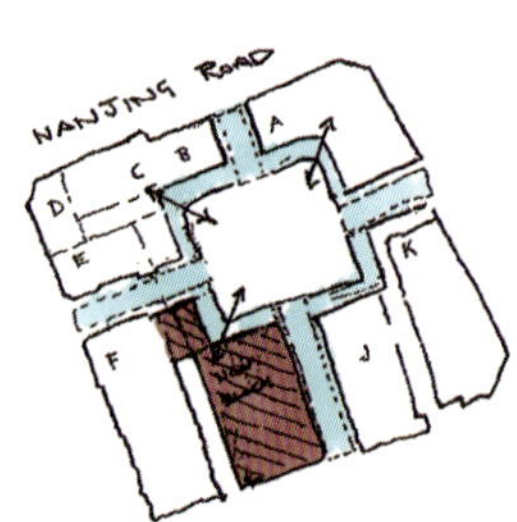

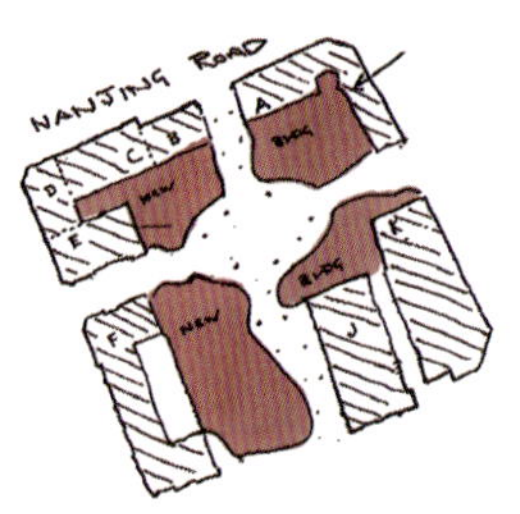

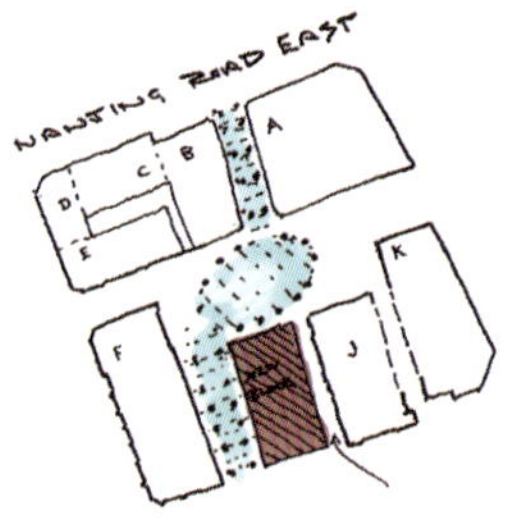

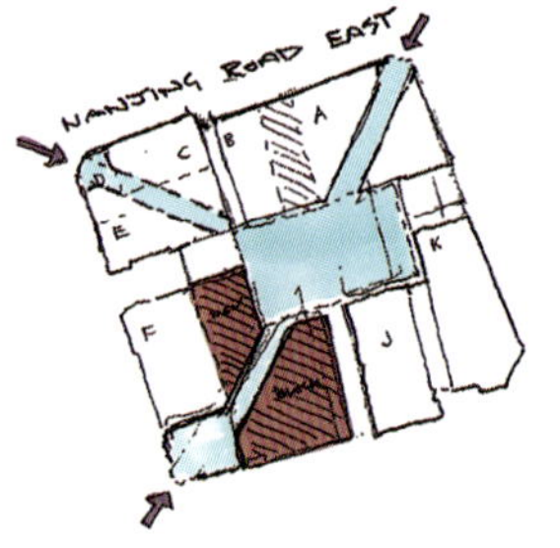

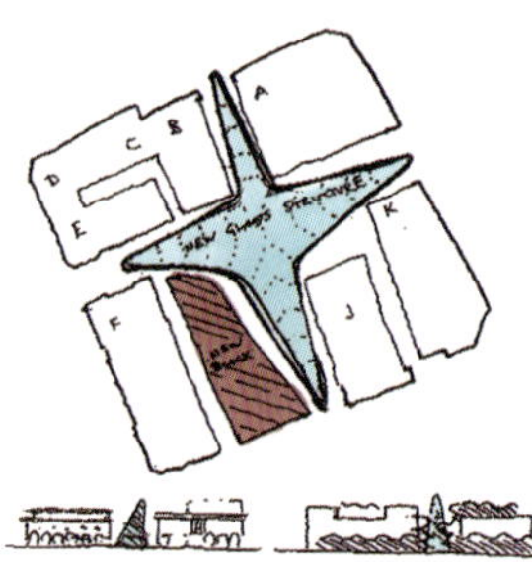

保留现有的建筑。
新拱廊／柱廊统一了场地中心，形成新的办公空间和商业新流线。

中心建筑可转变连接整个区域的建筑。

保留现有建筑的外围结构。在中心有新公共空间的新建筑。

保留现有建筑。供选择的南／北路线。

路线成对角线（穿过场地到绿地）。

新结构形成场地的围护及现有建筑的新通道，以及历史建筑的新关系。

现代连廊在历史建筑之间，且是南京东路 179 号计划复兴的一部分。

6 个城市街区研究

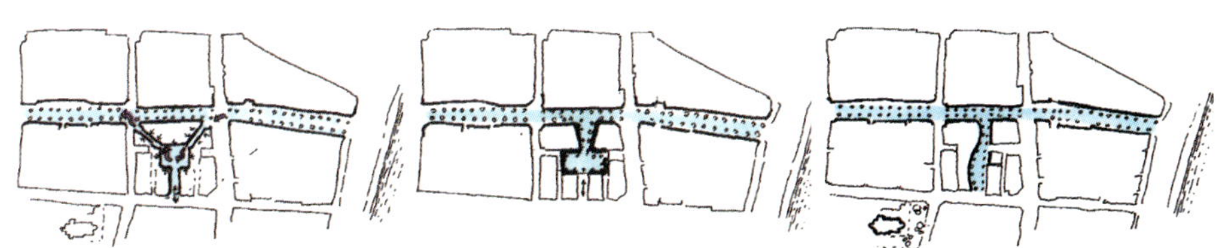

将南京路的商业界面最大化。在街区核心引入呈对角线的公共路线，方便行人进出场地。

南京路纳入到 179 号中心。给街区核心和重要的街道界面注入活力。

开放 179 座，以形成南京路和教堂花园（九江路）之间的南／北连接。

NANJING ROAD EAST
SICHUAN ZHONG ROAD
SHASHI 1 ROAD
SHASHI 2 ROAD
JIANGXI ZHONG ROAD
JIUJIANG ROAD

保存
拆除
重建

历史评估可确定建筑质量以及历史和建筑的重要性。

崇明岛总体规划

地点：上海/**业主：**上海市规划局/**日期：**2003—2004/**场地面积：**126000公顷

继浦东新区的成功之后，上海将注意力转移到了崇明生态岛的开发建设中。主导浦东的是高层建筑，崇明岛的规划是对可持续和简单生活的一种畅想。它将良好的设计以及公众保护环境的意识结合在一起。

崇明岛位于长江口，尚未大面积开发。它是世界上最大的冲积岛，有超过1300年的历史。崇明岛总面积约为126000公顷，最长的海岸线几乎为230km。崇明岛几乎都是平地，没有山地或地形起伏。其中高度肥沃的土壤对农业和湿地的形成十分有利。

TFP的土地利用计划阐述了林业和农业如何共存以及如何保持较小的市镇中心的构想。通过与有关用途的紧密联系，可以降低对交通的需求。崇明岛计划将其林地面积从16%增加到55%，并且将未来的发展集中在旅游业、度假胜地和展览中心上，而不是大规模的工业化发展。

由于受到上海市政府和科技部的支持，TFP努力将崇明岛发展成世界上在区域范围内可持续设计和生态生活的典范。整体规划目标是将岛屿生态化，与上海形成相互依存的关系，同时在不破坏大自然的情况下实现经济发展。

TFP总体规划旨在使人们适应绿色及未来气候变化。规划描述了到2020年如何将崇明岛转变成一个美丽的滨海花园。这一理念主要强调的是崇明岛的海岸线和内部运河系统。后者是岛屿最有特色的景观特征，内部运河系统可形成穿越岛屿的交通网并对周围道路和村庄的交通进行组织。

为响应业主要求，TFP将重点放在崇明岛南北节点的整体发展和框架计划中。TFP为这两个区域制定出了工作计划，显示人们如何和在哪里以环保方式生活、工作和享用休闲设施。

为了使崇明岛上绿色植被尽可能丰富，TFP决定将城镇发展集中在特定的区域。尽管崇明岛的14个城镇和村庄沿岛屿平均分布，但是最稠密的城镇却在岛屿的东南方向。目前岛屿的总人口为64万，其中25%的人口居住在城镇而其余75%的人口居住在农村。但是随着岛屿上生态旅游业的迅速增加，这一切都可能会改变。

崇明岛的卫星图像。

TFP 的规划阐述了北部节点如何利用其独特的港口环境创建运动和休闲型大学城。南部是城市发展的集中区域，总体规划指明各城镇景观如何体现其独特性，同时舒适的市中心接近邻近聚集区。

圆形聚集形式在形状上十分有效，其布局使面积最大化，外围空余的面积最小化。TFP 将这一布局用到崇明岛的城镇建设中以缩短距离，因此可减少经常奔波的需求，形成有效的邻里关系。

尽管有这些土地利用战略，但交往还是不可避免的。为避免交通和生态系统间的冲突，将会引进生态公共汽车和生态铁路交通系统。生态公共汽车使用的是双燃料或者相似的系统，可以给所有较大城镇以及环形线路上休闲和会议区提供服务。

按规划，主体公园将贯穿岛屿的中部，通过生态铁路交通系统可以直接到达，它也将连接国铁和城市的火车站（国铁在岛屿的最大城镇处停留，并可顺利中转到当地的市区地铁。国铁服务于 5 个主要城镇和城桥港口）。

岛屿居民经允许可使用液化气机动车辆。开车来的乘客必须将车停在指定的大型停车场，然后乘坐公共交通工具或者租用电池汽车和自行车。经对城市景观内多功能道路整合的研究表明，要鼓励将骑自行车、溜冰和步行当作交通的优先选择。

崇明岛生态战略的依据是使岛屿本身在能源和资源上可持续利用以协助未来的发展。可持续性发展战略可确保可达性、对城市化的积极肯定以及岛屿上生活水平的提升。提议的议事日程融入了战略规划理念：利用风能、太阳能和其他电力来源来降低对能源的需求；提高对环境影响小的材料利用率；和降低不能重复使用废品的产生量。

一旦项目的所有设想都实现，崇明岛将成为绿色发展的典范。其人口和基础设施的增加将不会影响到农业、野生动物及生态。

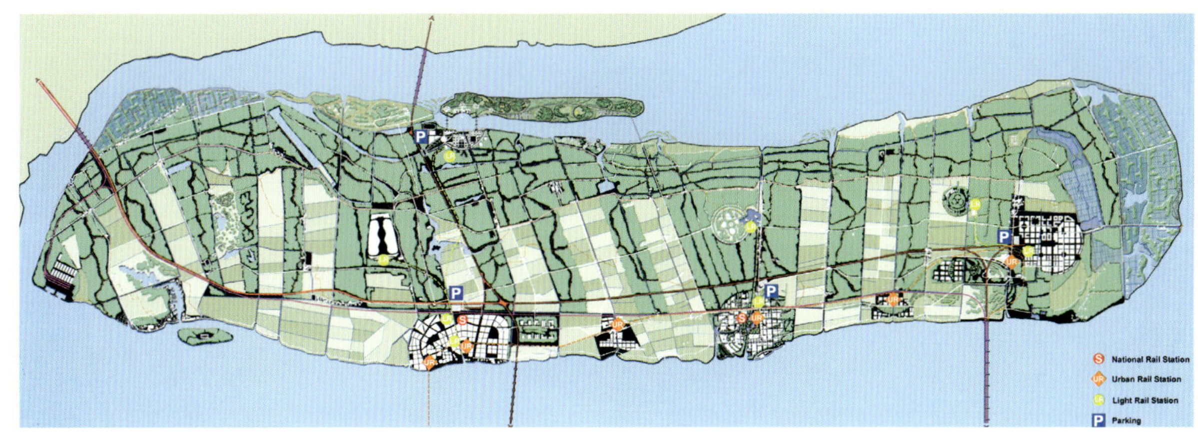

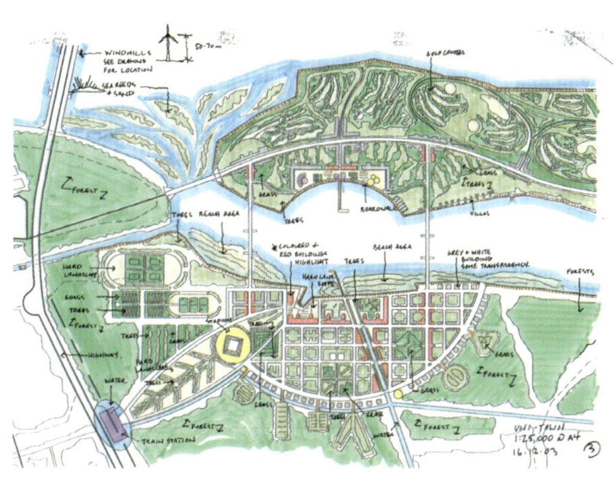

海岸线发展（下图）。

两个新城镇（中图）的详细整体规划。

整体规划显示出三个新城镇以及道路和铁路基础设施（上图）的地点。

虹桥站

地点：上海/**业主**：中华人民共和国铁道部/**日期**：2005/**场地面积**：2626公顷/**总建筑面积**：411200m²

TFP设计的总体规划为将车站、机场和公共交通换乘站组合成一个独立的整体。它可以产生强有力的视觉效果和达到最高标准。

随着现代旅行观念和交通的迅速发展，虹桥站总体规划给乘客一种新鲜的体验。它的运作采用"车站－机场"模式，将到达和离开的人流分开，属于大型的运输枢纽，可连接不同类型的交通。这个现代客运中心将成为到达北京、杭州和南京城际列车的始发站和终点站，并且提供从南京到杭州和从南通到杭州火车服务。

虹桥站连接公共交通转车站（PTI）和机场候机楼。车站的设计要达到一个宏伟的目标，那就是成为上海重要的门户，欢迎游客来这座城市旅行并给离开的乘客留下深刻的印象。虹桥站将成为亚洲最大的火车站之一，预计 2030 年乘客接待量将达到 5272 万。

由于规模巨大，虹桥站的总体结构比较简单，可起到指引方向的作用。乘客很容易知道他们的位置，然后决定该往哪个方向去和迅速分散，这一切都可以避免出现拥挤现象。

蝴蝶形象在中国装饰纹样中十分常见，也与整体规划的生态理念相吻合。因此受这一灵感启发，虹桥站和机场候机楼就像锚的两端一样，由玻璃人行天桥和地面的景观走廊相连接。

虹桥站设计成两个层次：架空大厅和站台位于地面层。宽敞的出发大厅位于建筑物的中心，明亮舒适的候车室和达到大厅在建筑的两端。抵达的乘客将从东边离开，直接转向公共交通转车站和机场候机楼。而大多数离开的乘客都从西面开始他们的行程。这一安排使乘客流自东向西形成单一的方向。

车站顶部是建筑物的标志，其设计用于覆盖大多数站台和展现站台的整体凝聚力。所用的轻质材料可使人联想到蝴蝶翅膀上的薄膜，而且使日光照射到底部区域。

虹桥站高度以人为本。TFP 已仔细考虑了不同铁路公司的运作和管理以及乘客的要求，并且优先考虑客流组织的畅通。站台上面不设栏杆，使视线无阻碍。同时大厅内的结构柱也减到最少避免形成障碍。

整体规划的灵感来自两条轴线：第一条是高速铁路到达轴；第二个以生态景观为轴，保护生态景观是设计的重点。沿铁轨两边种植绿化带，以减小铁路对周围环境的影响。在保留运河的同时，景观轴线旁的植物直接延伸到车站，形成虹桥站、新虹桥机场候机楼和公共交通中转站之间的自然连接。对于要换成不同交通工具的人们来说，可以给他们提供舒适的通道，而不是典型的封闭式混凝土走廊。

TFP 的注意力都集中到了虹桥站的布局、施工方法、材料和空间布置上，使其成为一个可持续性车站，可降低噪声、自然通风和控制采光。

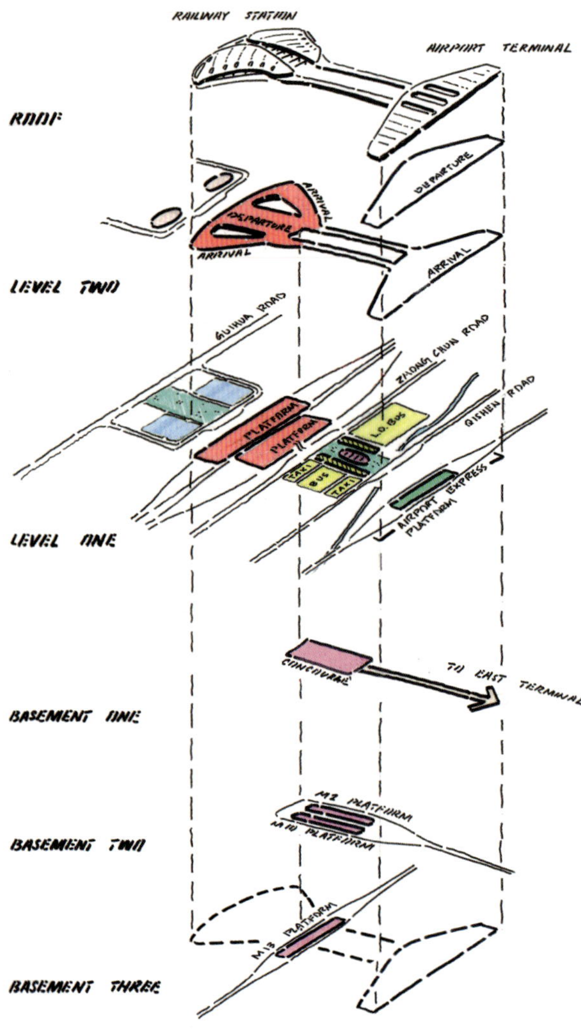

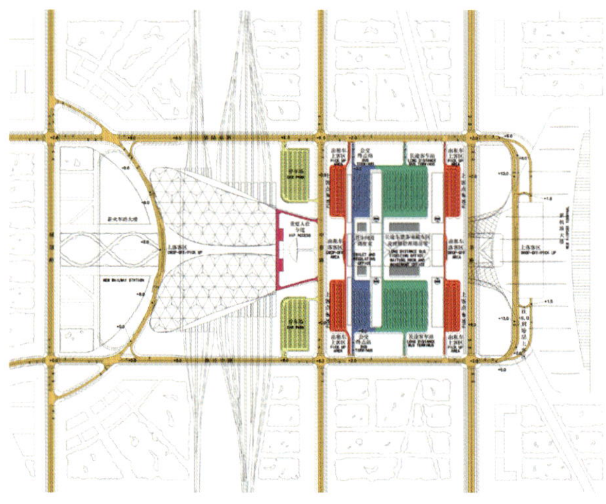

显示车站（**上图**）不同层间关系的轴视图。

显示地面层（**下图**）交通方式的功能图。

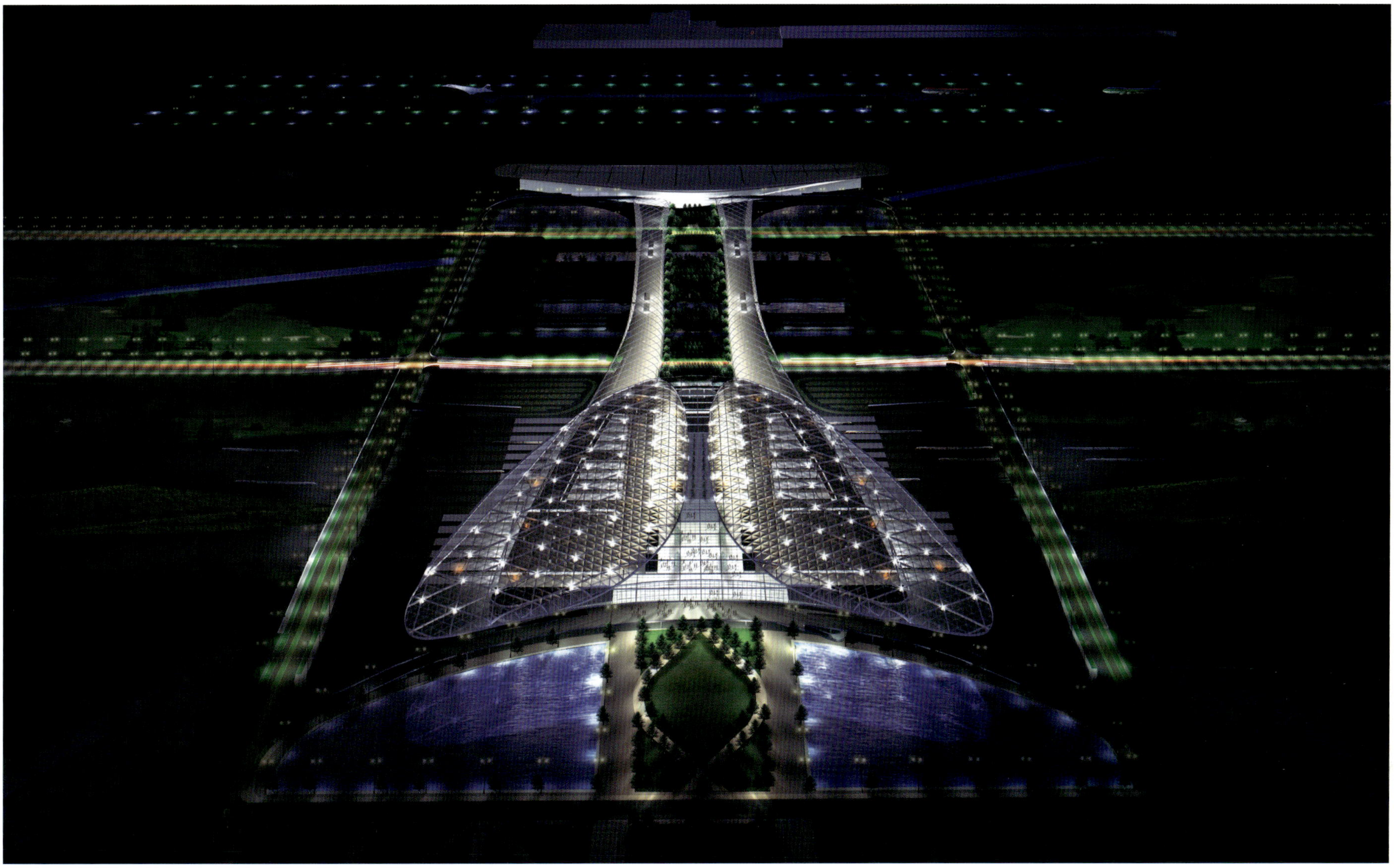

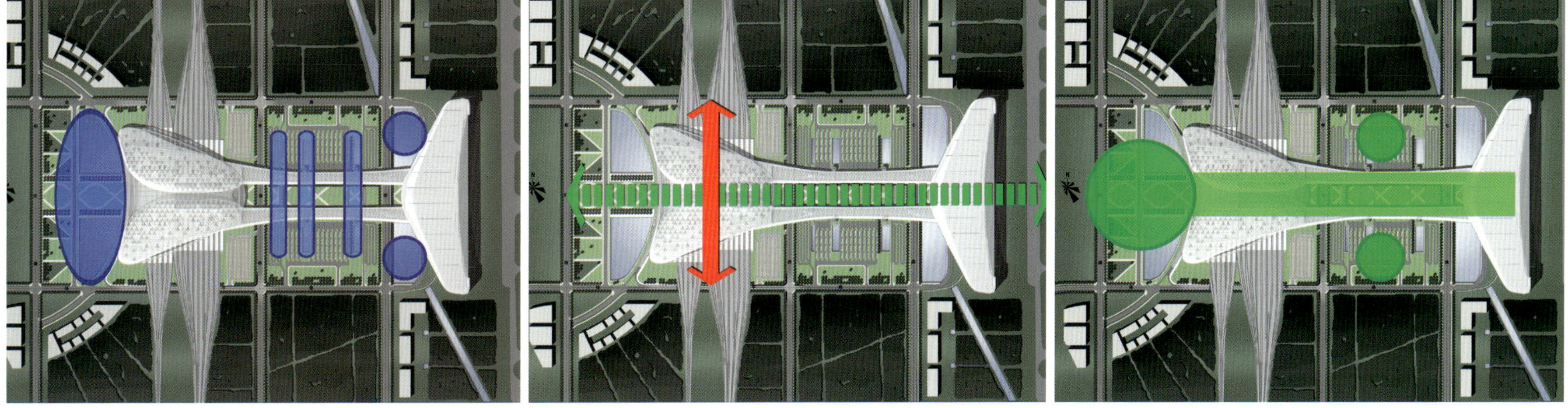

显示整体规划的水景系统图。

两轴示意图。

绿化系统可增强轴向纵深感。

北京“也许是世界上最伟大的人工作品”。

《城市设计》——埃德蒙·培根

北 京

· 北京南站
· 中国石油集团总部
· 中海广场

北 京

北京是世界上最古老的城市之一，700 多年前即已成为中国的首都。为抵御侵略者的入侵，北京这一座城市内曾修建了一系列的城墙。城市由城墙层层围合，有些像俄罗斯套娃，以防止外族的侵略，皇帝居于城市中心，这个地方称为紫禁城。

北京建立在模式基础上，南北向四合院作为其原型单元，城市规划源于这一无限复制的单元模块。最重要的城市几何关系包括朝南的大门以及由围墙组成的主要空间，可以减弱强劲的北风袭扰，如同一个 DNA 代码。大尺度皇家规划延续与建筑模式的结合，形成了特殊的城市规划。

正如埃德蒙 · 培根在其《城市设计》一书中写到，北京"也许是世界上最伟大的人工作品"。紫禁城与多数主要都市的中心有所不同，反映了现已不存在的统治制度。由于稳定且高度结构化的体系，北京沿环路已经出现了很大的现代化发展。几年前，在快速通过的《总体规划》中，决定北京应当在中轴线的基础上再增加

北京传统区域随时代前进的压力在日益增加。

北京站

紫禁城

两条空间轴线——中轴线东西各一条——这对城市的发展来说是个好的方式。

然而，北京的主要问题是如何将变化融入城市中。北京城雄伟的城墙起自城市中心，长约 10 公里，为了修建地铁系统，20 世纪 60 年代城墙被拆除，这可能是我们这个时代最大的遗产消失的遗憾。

北京的现代化发展似乎出现了第三次浪潮。第一次浪潮主要为诸如国家大剧院等大型文化项目，其中涉及政府、不同建筑师、业主之间针对所设计建筑外形与作用等方面进行的众多争论。TFP 即通过这一项目的竞赛开始了其在中国内地的设计道路，并从此参与到北京城市发展的建设中。

北京自从获得 2008 年奥运会主办权起，开始了城市快速发展的第二次浪潮。为了确保奥运会的成功举行，并为城市经济和社会的可持续发展打下良好的基础，北京对城市的更新与基础设施建设进行了巨大的投资，着手对通州、顺义和亦庄等新城区发展。同时，北京还在奥运会场馆及配套设施方面进行了大量工程建设。

第三次浪潮围绕城市交通问题的基础设施解决方案。北京现有机动车数量超过 400 万辆，且该数量正在以每天 2000 至 3000 辆的速度不断增加。奥运会前建成六条地铁线路，力图缓解拥堵状况，并且将对城际列车提速，行驶速度比三年前快五倍。

北京南站是一项由北京市政府支持的奥运会配套项目，同时是对原北京南站的重点部分的升级扩展项目。位于北京市丰台区的新北京南站占地面积 31 公顷，距原车站 500 米，将成为高速连接北京与天津和上海的纽带。

得益于北京经济的迅速发展，北京的新建筑如同雨后春笋般接连拔地而起，百余处旧址均进行了改观，耸立起新的高楼大厦。中国内地龙头企业建立了彰显其地位的大型总部建筑，并且与大部分其他国家较小的工地相比，500000m^2 居住区项目成为某种标准。北京人口已经超过 1600 万，这反映了一个不言而喻的现象，在中国历史上第一次居住在城市的人口数量超过了居住在农村的人口数量。

尽管很多设计团队经常为了获得项目和很少的回报耗费大量精力，但是北京正在成为新技术和建筑理念的世界展示场。如果北京能设法不屈从于城市扩展而保留其城市特性，则这座城市可以成为历史与现代共生的典范。

TFP 对中国美术馆（**左图**）、北京饭店（**中图**）及国家大剧院（**右图**）所做的概念方案。

北京南站

地点：中国，北京/**业主**：中华人民共和国铁道部（铁道部）/**日期**：2003–2008/**场地面积**：940000m²/**总建筑面积**：226000m²

新北京南站是一项2008北京奥运会配套项目。这座高速城际客运枢纽车站是中国最大的火车站之一，体现了建筑创新以及严谨的设计思路。

北京南站俯视（**上图**）。

由于建筑周边环路使得旅客上下车十分便利，同时周边环路保证了顺畅的交通（**左下图**）。

自然光透过采光顶，优化了候车室的环境（**中下图**）。

宽阔的通道和中央大厅帮助旅客具有良好的识别性（**右下图**）。

北京南站体积庞大，建筑屋面面积为 20 个足球场大小，辐射人口达 2.7 亿，到 2030 年将设计为年运量 1.05 亿人次，高峰时段运载量达到 33280 人次。在与铁道第三勘察设计院的合作中，TFP 关注于城市设计的潜力，以创造能够传达城市形象并成为城市有机组成的标志性建筑物。

北京南站设有 3 层、24 个站台和大量出入口、候车区、换乘区及不同的交通设施，要求平衡与统一的形式作为应对其复杂功能和各种要求的一项整体建筑方案。车站的体形从外观来看是简单的椭圆形屋面拱卫着圆形屋顶，同时开敞式平面布局提供了通透的视觉效果，设计风格清晰明朗，十分注重旅客的体验与感受。

与现代化航站楼类似，到达与出发分开进行，这使得旅客交换更加直接与高效，避免流线混淆。旅客也很容易到达位于最底层的地下商业服务，在容纳 909 辆车的地下停车场以及 52 辆出租车和 38 辆公交车的停靠站的停车场搭乘不同交通工具，周边环路确保可以从四面八方到达车站。

由于原铁路车站位于二环路和三环路之间，铁道与城

>>

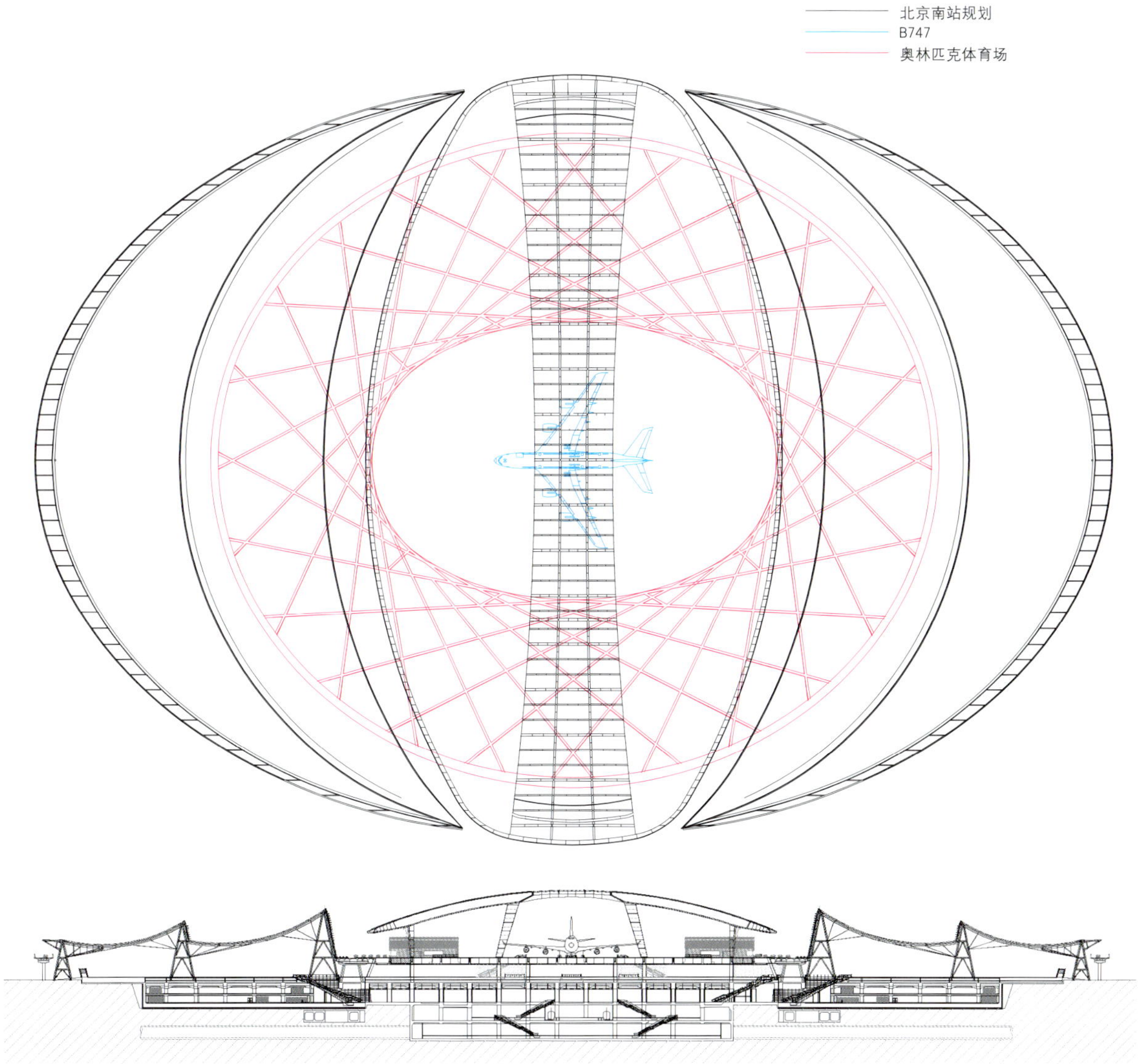

北京南站规划
B747
奥林匹克体育场

北京南站的顶部建筑面积能够容纳 31 架 B747—400 飞机，或者 20 个足球场，或者 1.5 个国家体育场。

市肌理成对角的扇形区域纳入到原有的城市图底中，TFP 深化了对城市的呼应，通过在南北轴中插入一个步行绿化中心通廊，将建筑与两处邻近公园和范围更广的城市环境相连接，实现了成角度走向的铁路区域与城市格局的协调统一。

设计融入了受天坛启发的中国传统建筑思想，层层屋顶是北京南站设计的最显著特征。北京南站屋面由两组新月形组成，两瓣再巧妙地分为两部分，中央由一个椭圆形屋顶界定。66m 的巨大展翼，由 20.6m 宽的柱网进行支撑。钢索结构加以稳定，使之并能够经受风雪的荷载。

屋顶是新颖的轻质结构，可以用作一个悬链以承受像雪这样的向下荷载力，也像一个拱门一样承受来自风的向上的荷载。为达到向上承载条件，回接到 A- 支架的小直径钢丝绳为屋顶结构提供支撑。

为了更好地自然通风，站台侧面部分不封闭。但 350m 长、190m 宽的中央屋顶是全封闭的。它是一个经加固的结构系统，由其周围的 60 个斜柱支撑，中央形成一种开敞的空间。15000m^2 的屋顶采光天窗设计使尽可能多的自然光照射到车站内。70% 天窗由低辐射的玻璃组成，其余部分由薄膜光电板组成。

北京南站在公共领域作出了巨大贡献，极大改善了周边区域的城市特征。其特殊的时代表现给这座城市增添了一项活力标志，为城市的基础设施作出重大改进，北京南站被认为是这座城市变化的催化剂。

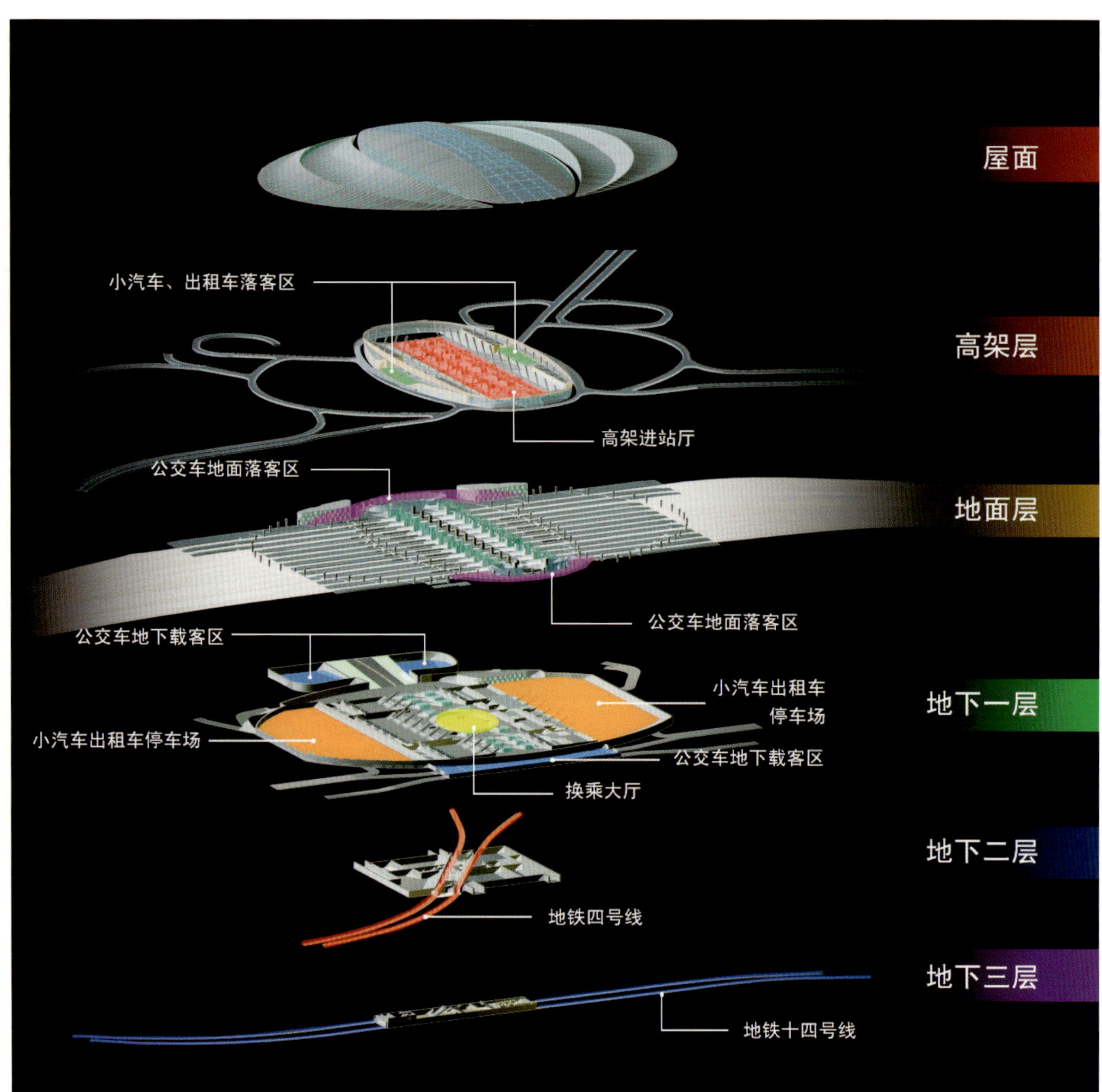

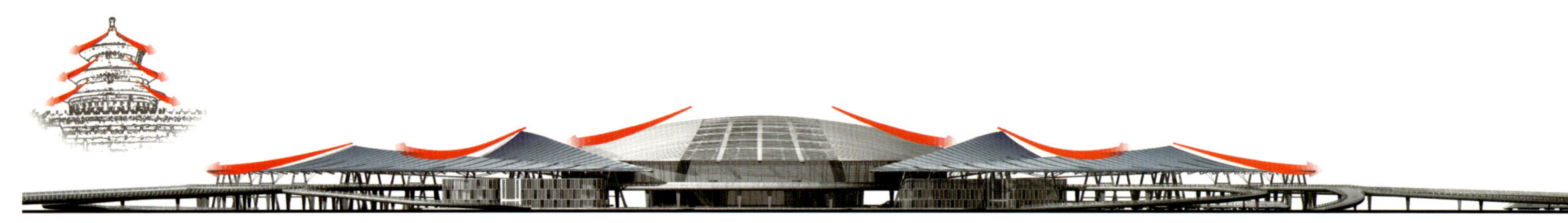

车站的屋顶融入了受北京天坛启发的传统建筑思想（下图）。

车站功能分区（上图）。

侧面的雨棚在结构上采用A型框架支承，其悬挂屋盖充当反向拱形垂曲线（**上图**）。

悬挂屋盖采用无支架的大跨距，形成采光和通风区域，具有丰富的环境光和空间，从而降低了过度拥挤，提高了识别引导性，形成安全感（**中下图**）。

入口区（**左下图**）和车站屋顶详图（**右下图**）。

对于这种规模的建筑，施工周期非常短。

2007年8月14日
2007年8月29日
2007年12月6日
2007年12月20日
08.22
07.08.22
07.08.22
07.09.21
07.09.21
07.10.15

中心屋顶包括 15000m² 的采光顶，该采光顶的设计在中心站区内形成了一个开阔、充满自然光的内部环境，其中，70% 的区域采用高性能、低涂层的太阳能玻璃，剩余 30% 则最新开发的薄膜非晶硅光伏电池（CIGS），所述电池分层设置在绝缘玻璃板内，成为电站用电的一部分。

22
23
20
21

中国石油集团总部

地点：中国，北京/**业主**：中石油-北京华昌房地产有限公司/**日期**：2004-2007/**场地面积**：22519.88m²/**总建筑面积**：200900m²

由于中国能源需求的增加，中国最大的石油公司——中国石油天然气集团公司不断扩大，要求能够体现其形象及满足使用要求的总部建筑。TFP作为设计联合体成员之一，协助业主单位实现上述理想。

TFP 将狭长的场地限制变为引人注目的由四座塔楼组成的建筑群。

源于一项历史性经验——南向的日光提供最大的能量——在北京建筑物南向朝向非常重要，但用地条件的限制通常对上述经验的落实造成阻碍。由 TFP 与北京市建筑设计研究院合作创作的中国石油大厦（CNPC）设计理念，回应了上述挑战。

该建筑物完全为业主自用，位于二环路东北角的一块较窄的东西向用地，主要提供满足各种需求的办公空间、会议和内部服务设施，高度限制为 90m。设计组的首要设计任务是设法增加建筑物的南向采光面，通过四座 24 层、L 型建筑的方式得以巧妙解决，但建筑的裙房和地下空间则四栋塔楼共用。由于集团公司和股份公司将共用该组建筑物，这一理念使得公司的各部门在空间的使用上既分且合。同时，这一设计理念给该建筑物带来了最佳自然采光和通风，满足了业主的两项基本要求。

办公楼的正面体形简洁，从裙房缓缓向上，随着玻璃比例的增加而越向顶部越为开放。建筑主体材料仍以石材为主，给人以从大地中生长的感觉，同时反映了公司基业的稳固。各个立面在对环境设计的响应方面均不相同。

为了使该组建筑物在裙房部分成为一个统一的整体，形成公共的空间元素，在建筑物内部设计了一条南北贯通的公共空间，在项目的最南端同地铁相连接。与此同时，建筑物的地下层则为全部四座塔楼提供了共同设施，如餐厅及会堂等。

中国石油大厦被设想为一个采用了最新建筑技术的优雅现代化建筑典范。尽管最终设计更为折中，并没有采纳 TFP 的全部设计理念，但这座为中石油量身定制的总部建筑，成为北京二环路上一个与众不同的视线焦点。

泰瑞·法瑞爵士绘制的草图。

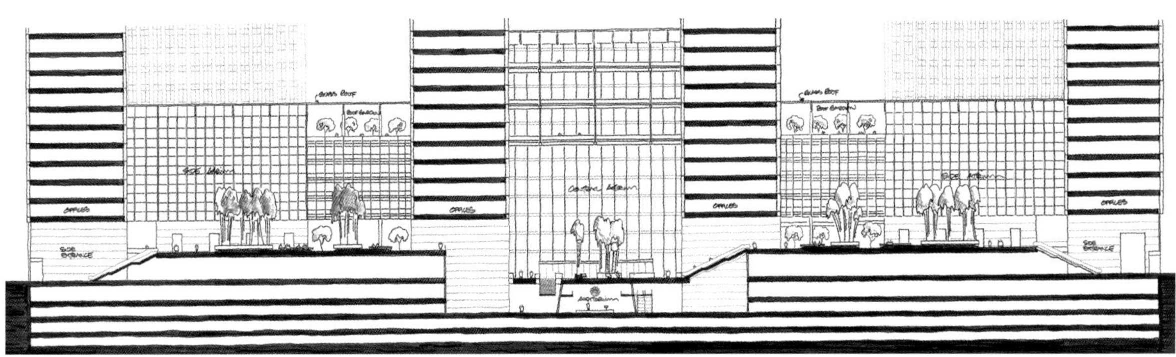

通过中庭连接建筑物的内部通廊的剖面图。

建筑物沿二环路立面。

带有阴影效果的正立面。当从不同角度观看时，建筑物外墙从实体变为半透明形成了一种富有感染力的对比。

中海广场

地点：北京市朝阳区/**业主：**中海地产（北京）有限公司/**日期：**2004/**场地面积：**19300m²/**总建筑面积：**151732m²

随着北京这座历史性城市向周边地区的快速扩张，一个崭新的国际化CBD已经在朝阳区发展起来，中海广场即位于CBD的核心地带。这项新的建设项目通过为空间提供宜人的城市环境，在CBD树立了一个典范。

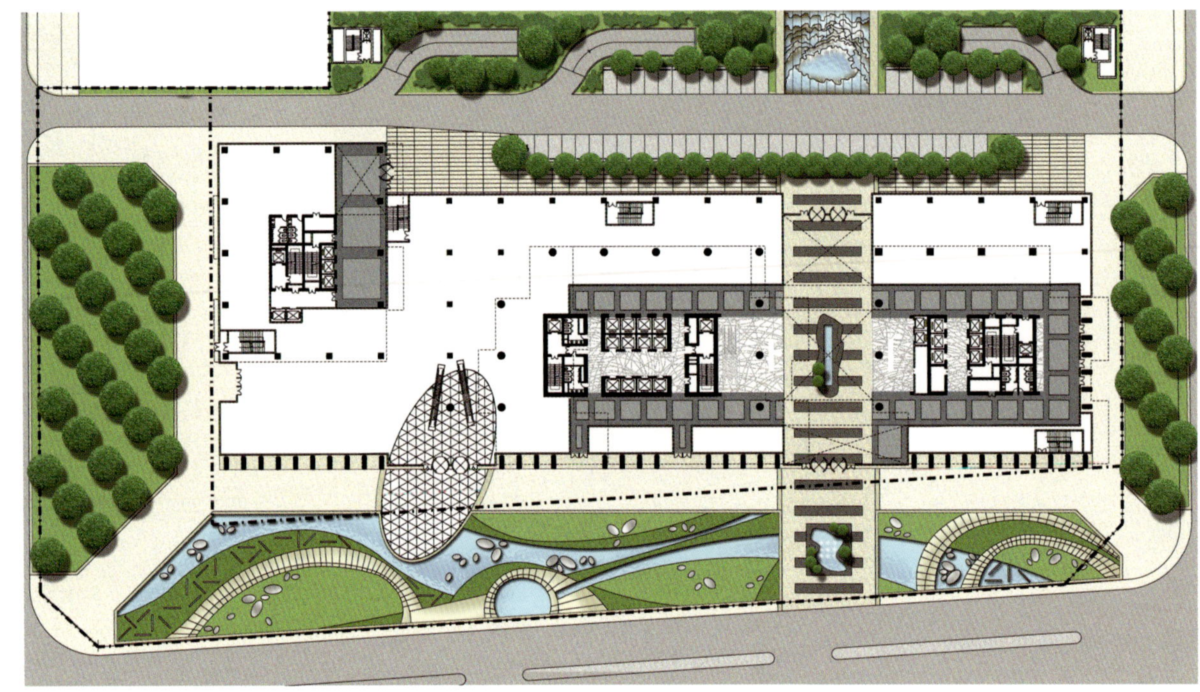

朝阳区位于北京的东部，拥有悠久的历史，有文字记载可追溯到2000多年前的秦朝。现在朝阳区已成为北京最大且人口密度最大的城区，同时富有浓厚的现代风格，吸引了超过3000家外国企业、大使馆及上市公司，同时是2008年奥运会的奥运村所在地。

这里的建筑物反映了推动国家发展的信心和前瞻性。尽管这里有很多独特的明星建筑，但大部分建筑仍缺少和谐的城市关系。

中海广场位于中央商务区（CBD）的核心地带，设计之初就希望能够通过提供宜人的街道环境，在确定场所特征方面发挥关键作用。从审美角度来看，建筑物的视觉统一将对北京的城市设计起到促进作用，并彰显入驻公司的地位。

尽管原有城市设计已获批准，由于高度和场地的限制，使TFP尝试调整优化三组建筑和裙房的关系，同时使其具有一个永恒现代的外观。建筑师希望打破大型街区结构，提出调整塔楼平面的创意，形成相对错动的空间关系。赋予了塔楼更加高耸的视觉效果，并最大限度利用了建筑物的主要正面，使得尽可能多的自然光线得以进入。

平面错动理念为每座塔楼限定了四个南北矩形体型，创造了具有层次感的效果。塔楼的南北立面用于促进体块间明确关系的形成，它们位于裙房的边缘以提升视觉高耸的感觉。

裙房连接全部三座塔楼。南面和中部的塔楼共用一个入口大堂，北面塔楼拥有自己的大堂，在裙房内由商

>>

中海广场的场地规划融入了不同的环境美学要素，为该街区的行人和车辆提供更为舒适的环境。

错动的标志给塔楼带来了丰富的外观，并为立面效果提供了更加丰富的视觉因素（**对页图**）。

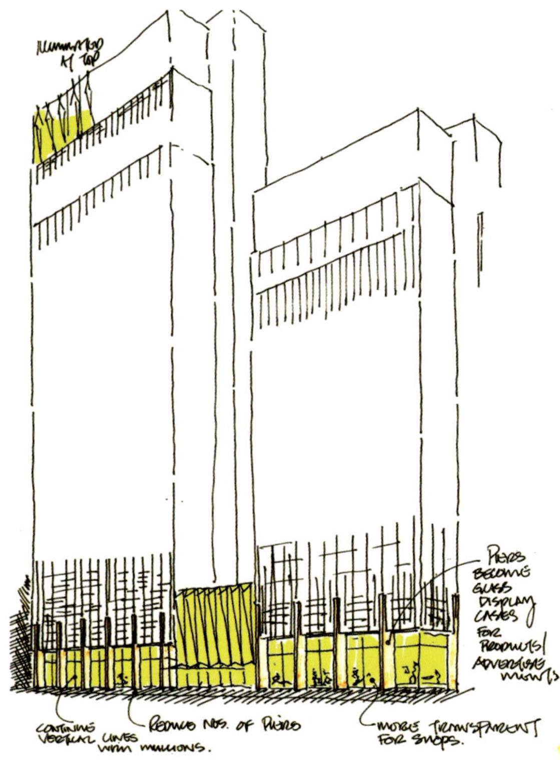

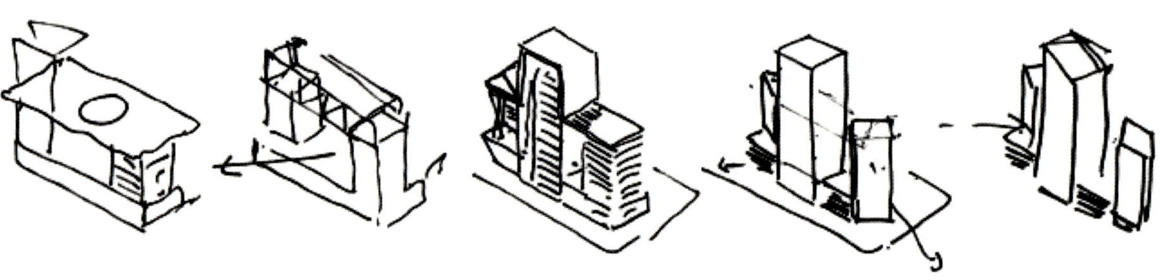

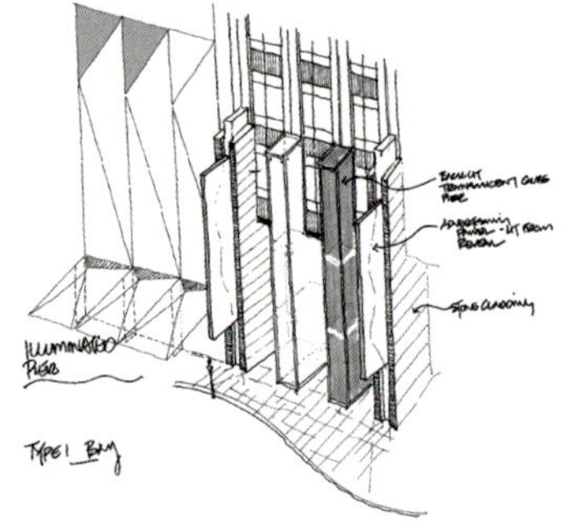

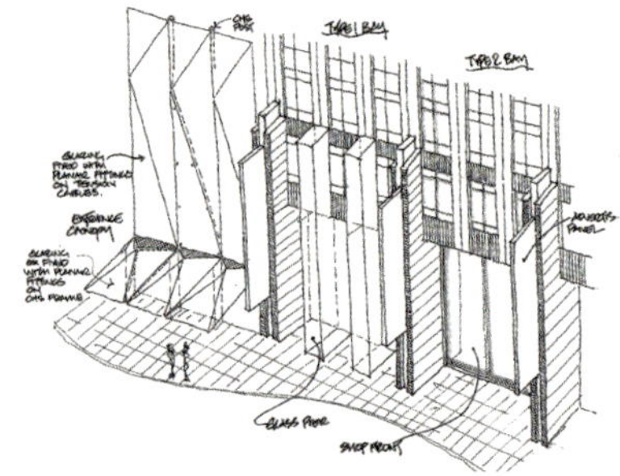

业区域环绕。建筑的顶部环境得以美化，并被办公塔楼作为露天平台使用。

场地的矩形结构对建筑物的气候控制构成了挑战，因为主要面为东西向，Low E 的双层玻璃单元保护建筑物免于东西向温度的损害，同时格栅保护建筑物免受日光威胁。由于客户特别要求了外观石材与玻璃的使用，因而需要设计一项系统照明策略，结合两种材料并在夜间使其产生显著效果。

中海广场的环境美化设计了给区域带来活力，尤其出于行人的观点，该设计也是对区域总体规划理念的补充。

沿着场地东侧栽种了树木、灌木和竹子，用以形成“野生”环境，选择的植物能够反映季节变化。在北部和南侧园林，邻近草坪处种植了大量树木，表现出几何设计手法落实，反映了 CBD 整体绿化空间策略。

雕塑、蜿蜒的水景与经修剪的植物外观是场地西端的特征，表现了一种人工化的造景效果。

与四周的高层建筑和城市街道截然不同的是，中海广场周围的园林式环境柔化了区域中冰冷的钢筋水泥，并使得这个项目从周围建筑群中赫然突出。

设计对于大堂入口和建筑物的裙房关系进行尝试，对立面上建筑物顶部的特殊语素的运用进行研究。

初期设计草图表示了中海广场可能体型的比较。

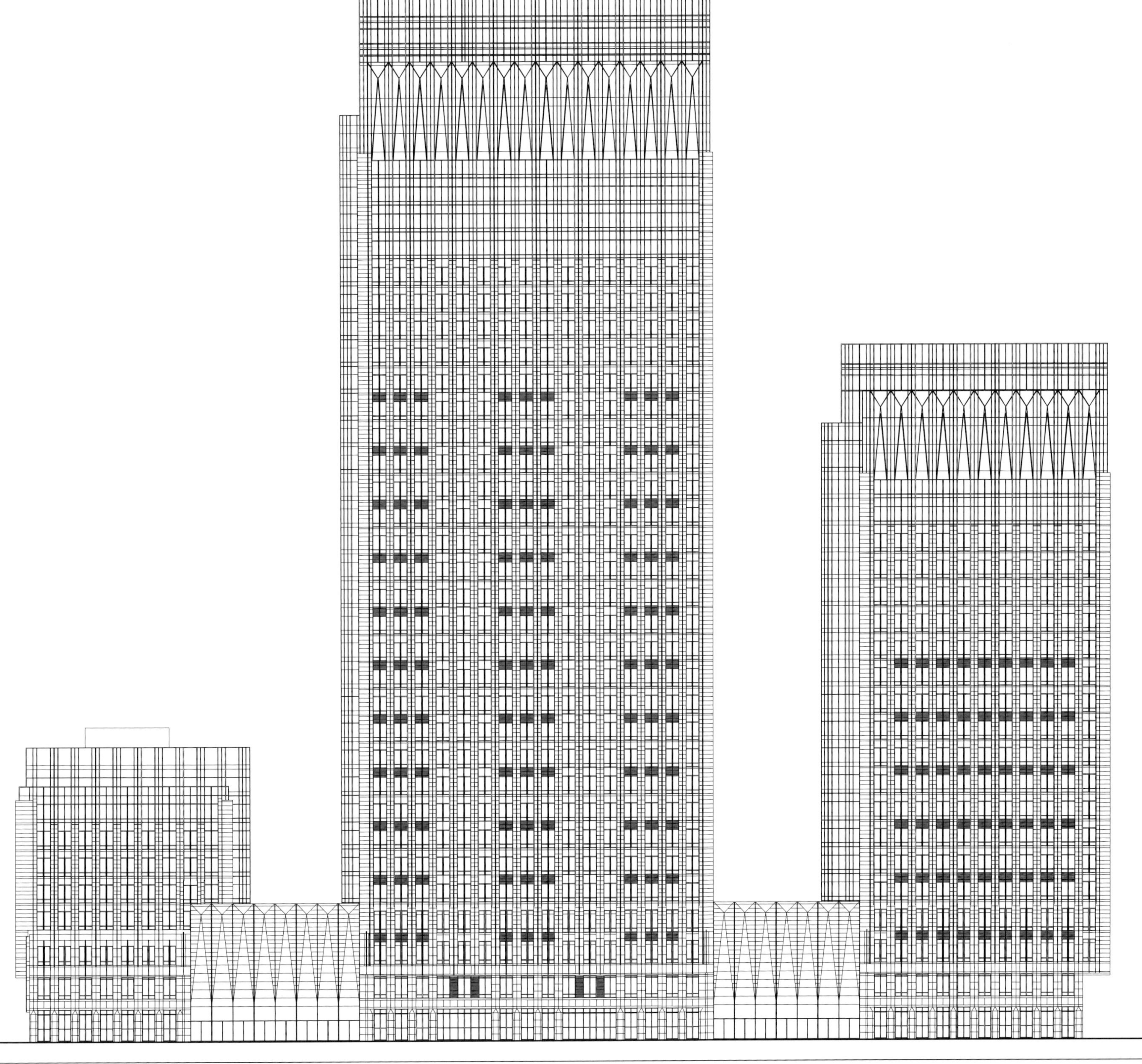

综合体建筑群包含由统一裙房组成的
三座主要建筑。

第二部分
新 篇 章

1960年，韩国的城市化率仅有27.7%。随着韩国的工业化进程的推进，这一比例在2000年时已经激增到了88.3%。

韩 国

· 韩国仁川机场运输中心
· 国立果川科学馆
· 首尔世运总体规划设计
· SEC公共关系中心与数码多元大学
· 大邱永进大学Chilgok校区
· 龙仁市龙仁东川住宅建筑

韩 国

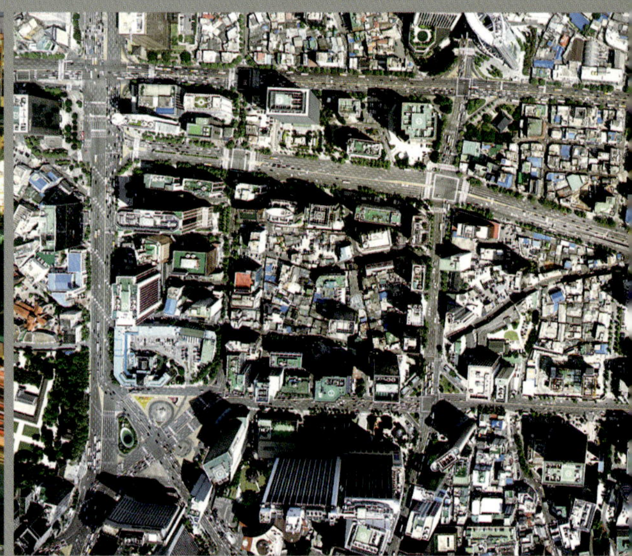

要说哪个城市充满了各种品牌，那就是首尔了。作为韩国的中心，首尔展现出了企业的力量，许多完善的商业王国遍布这个城市。

1950 年的朝鲜战争之后，满目疮痍的首尔成为了大型重建和现代化工程的重心。现在破败的城市已焕然一新。工业化和快速的城市化带动了经济的飞速增长。尽管生活水平有了相当的提升，建筑热潮造就了林立的高层写字楼和公寓，但污染和交通堵塞也随着大量涌入城市的人口成为了主要问题。另外，尽管为遏制城市扩张而建造了绿化带，但首尔还是很快就成为了世界人口数量第三的城市，也是最拥挤的城市之一。

在扩张时期，城市的发展与交通网络以及基础设施息息相关。首尔的城市人口已达 2000 万，金浦机场也日趋饱和，因此仁川国际机场在未来的航空需求下应运而生。

TFP 1996 年在韩国的首个大型项目是与 Samoo 建筑和工程事务所及三星工程公司合作设计机场地面运输中心（GTC）。

TFP 随后接到的委托，即 Y、C 和 H 楼，都体现出了首尔多中心的特点和精炼、独立以及商业世界的独特气质。拥有展示空间，咖啡厅，餐厅，休闲设施，秘书处和董事长办公室的 Y 总部大楼是一个设备完善的小型王国。8 层高的立方状 C 楼展现出一楼一世界的城市结构。作为购物和医疗综合楼的 H 楼则是雷姆 · 库哈斯（Rem Koolhaas）、让 · 努韦尔（Jean Nouvel）和马里奥 · 博塔（Mario Botta）共同设计的多功能区域中

公园的修建改善了首尔的大南门（崇礼门）所在地区的周围环境，2008 年初该门遭遇火灾。

空中拍摄的清溪川改建工程。

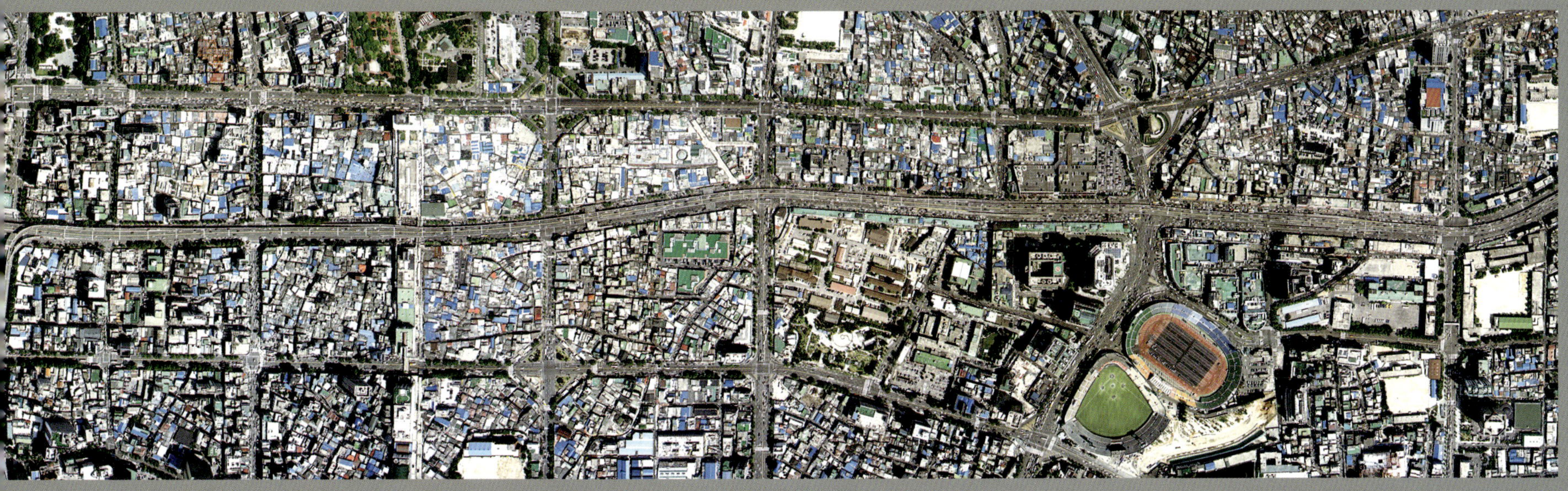

的一部分。根据一家大型韩国企业的要求，这个区域囊括了艺术、保健、商业、休闲和购物大楼。

中国正在迅速发展成世界制造中心，因此作为世界第12经济大国的韩国在制造发展方面遭遇了瓶颈。但是仁川、光阳、釜山－金海市周边自由经济区的发展说明韩国仍有很多城市在10年内就可以拥有和首尔一样的国际竞争力。

很多亚洲城市都在兴建类似的重建项目，催生了作为城市生活典范的新卫星城。这些国家都在用新的方式提高生活质量。
仁川国际机场

TFP设计的“Y”大厦（左图）和“C”大厦（右图）。

韩国仁川机场运输中心

地点：仁川（首尔）/**业主：**韩国空港建设公团/**日期：**1996—2002/**场地面积：**278709.12m²

亚洲地区航空需求增长速度是世界其他地区的两倍，反映出了这一地区的动态变化。首尔现有的机场已经无力负荷巨大的需求，因此建成了按规划每年可容纳5千万旅客的仁川国际机场。

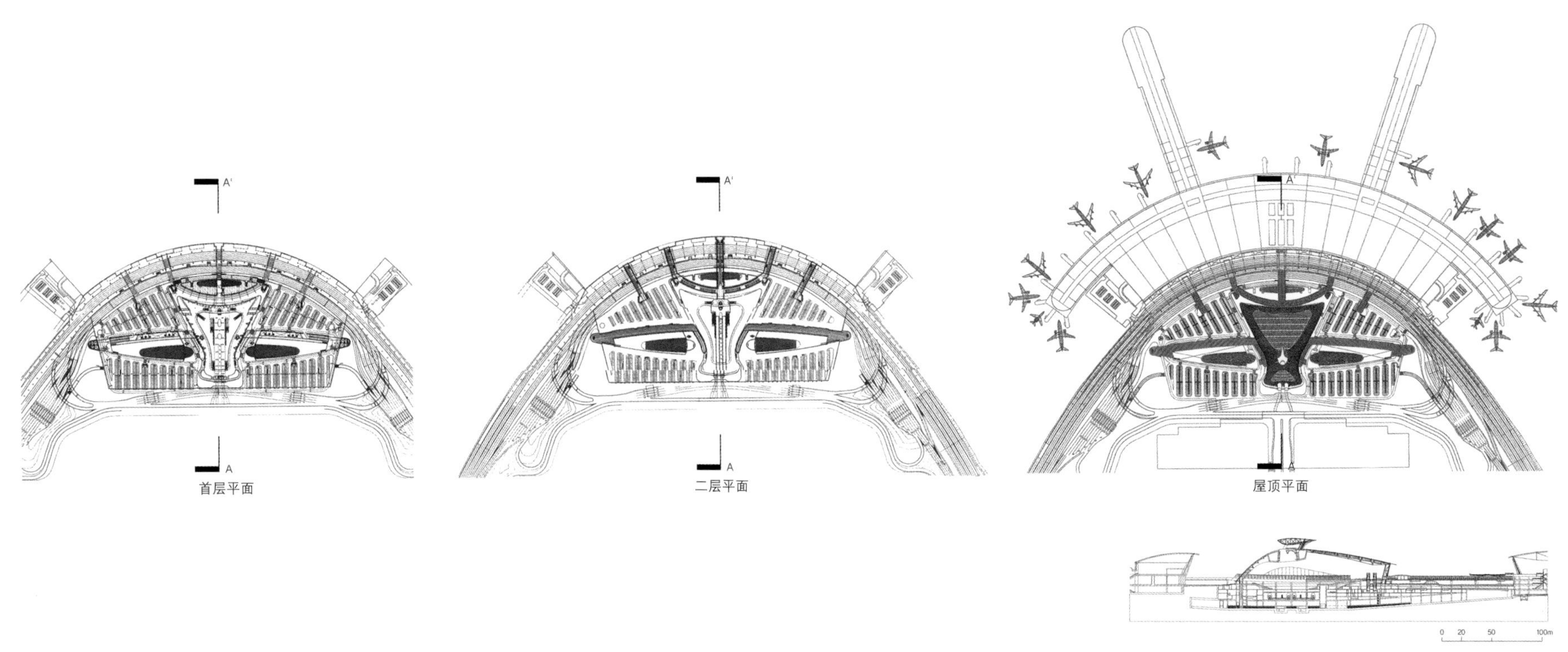

在国际竞赛中赢得了仁川机场地面运输中心项目之后，TFP 在首尔开始了和 DMJM 以及 Samoo 建筑和工程事务所的合作。作为两个候机楼之间的独立建筑，这个 6 层高的地面运输中心是机场的主要运输中转设施。其中建有 5 个轨道系统，包括城际列车，机场快线，周边城镇的轻轨网络和远程机场枢纽，该枢纽包括客车站，的士候客和停车场。通过战略性的定位，这些设施都可以使两种运输方式进行顺畅的转换。

按规划，地面运输中心里的设施和中转设备应能使机场顺利运营，并能为韩国营造一个可信赖的门户。规划希望建造一个标志性建筑，这就需要引人注目的设计，能暗示朝鲜半岛的统一的可能，展示对 2002 年世界杯的期待，还要表现出航空的理念。

建筑的外观极为简洁。大厅上是美轮美奂的集中式玻璃穹顶，其跨度为 190m。它们是项目的关键，也是所有旅客都会通过的中心地带。从每个到达港都可以看到这个运用了自然采光的宽敞运输中心，其各个部分都能一目了然，方便旅客找到去路。

>>

机场规划和剖面图。

仁川机场地面运输中心（**上图**）的空中鸟瞰。

象征飞鸟的屋顶翼面为地面运输中心提供了自然采光和通风（**左下图和中下图**）。

夜景图，地面运输中心是当地的标志性建筑（**右下图**）。

大厅跨度为 190m 的屋顶。

高架轻轨系统的月台和中庭。

侧翼庭院是具有传统韩国特色的园林。

鹳是韩国的国家象征，因此 TFP 早期的设计灵感来源于翱翔天际的飞鸟。建筑师设计了珠宝一样的翼状结构，使用不锈钢板和玻璃修建。其盘旋于大厅屋顶之上，给大厅提供自然通风。

项目的其他部分也同样注重美观与实用的结合。比如地下停车场中留出了的围绕大厅的空间来建造园林。一条 200m 长的玻璃步行通廊将停车场和大厅连接起来，其灵感来自韩国传统的城墙。同时这个通廊也为建筑注入了有力的新元素。

仁川机场的建设也面临过技术上的挑战，因为其复杂的曲形结构与其说是建筑，不如说更像汽车，而目前的技术无法修建如此宏大的建筑。解决方法是用塑料制作一个三维成比例模型，将它切削成 6m 长的横切片，再通过数码化这些横切片的坐标和电脑辅助设计来制作模型。这样就得到了一个三维网格模型，为本项目的雕塑模型的制作打下了基础。复杂的设计让仁川机场既有传统的气息又有航空建筑引人注目的风格。建筑雕塑般的形态和大胆的造型使其不愧为一大标志性建筑，正如埃罗·沙里宁（Eero Saarinen）为纽约肯尼迪国际机场设计的环球航空公司候机楼。该候机楼运用委婉且振奋人心的建筑语言取代了生硬的屋顶造型。

大厅对称地坐落在南北轴上，是地面运输部分和候机楼的分界。呈扇形的枢纽建筑向南北扩展。其位置和造型都与连接地面运输中心候机楼的主干道相呼应。

国立果川科学馆

地点：京畿道果川/**业主：**韩国科学技术部/**日期：**2004–2008/**场地面积：**243970m²/**总建筑面积：**47000m²

国家科技博物馆计划建成为知识和信息技术谷的中心，其设计概念是让参观者享受星际之旅。

TFP 作为三友建筑和三星工程集团联合体的成员，在韩国科学技术部的倡议下，为国立果川科学馆（NSTM）完成了方案设计。该项目的目标是实现韩国对提高科技进步方面的抱负与信心，体现国家象征意义和形成国际性的标志性建筑。

博物馆设计概念的灵感来自星云，即形成恒星的元素。在这种意象基础上，TFP 创作出了无论从实体空间还是从社会性概念来看都同样引人注目的建筑构图和出色的环境。

规划中的 NSTM 由一座天文馆构成，其中包括一个演讲中心和教育中心，以及主建筑。后者包含六个互动展厅，用于特殊展览、高科技、韩国传统科学、基本科学、自然史和儿童展览，以及表演和会议厅，全都布置在两层的建筑中。这些主要空间位于中央大厅的侧翼上，有一条走廊可通往天文馆，所以参观者总是可以轻松地选择前往任何区域。

天文馆位于场地中心，代表着恒星，其中一侧环绕着主楼及其室内设施，而另一侧环绕着室外展览空间。这种来自同一中心的辐射状布置，在性质上与双子星相似。

得益于 NSTM 宽敞的场地面积，可以在规划中包含广阔的室外展览区域，包括 33000m² 的科学广场，其面积相当于两个足球场。V 形广场带领参观者通往主楼，在导向性方面担当着首要角色，但它也会充当多功能空间并用于其他活动。

为了充分利用现有的车辆和公共运输条件，科学广场位于场地的一角，并附有一地铁入口。通过在这样一个关键位置设置科学广场，参观者将可以在进入主楼入口和开始 NSTM 体验前，在这个宽阔的空间中集合。

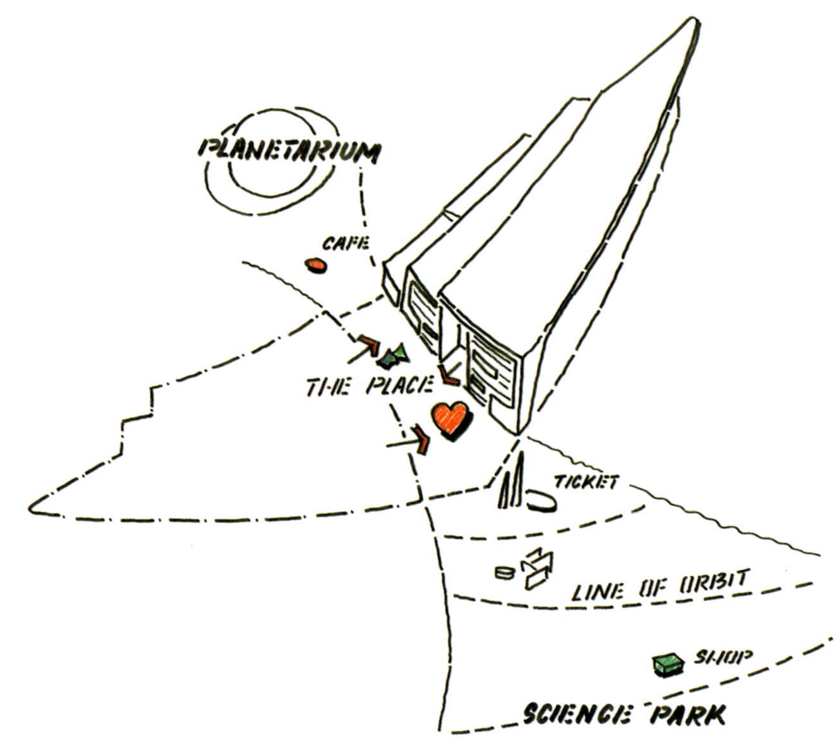

规划草图。

博物馆及其鸟瞰图展示了项目的宏伟。

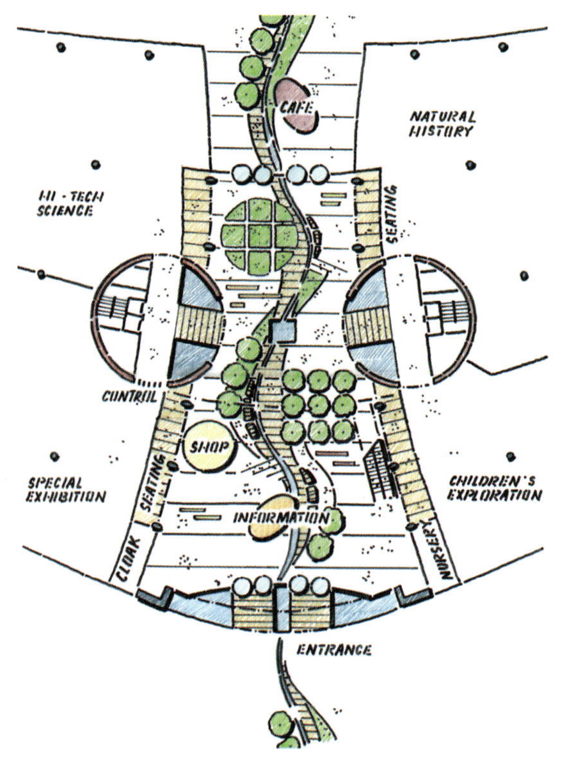

大厅的概念设计，景观轴从室外延伸并通过建筑（**左下图**）。

用于大厅室内立面研究的概念剖面（**右下图**）。

外视图（**左上图**）和大厅视角（**右上图**）。

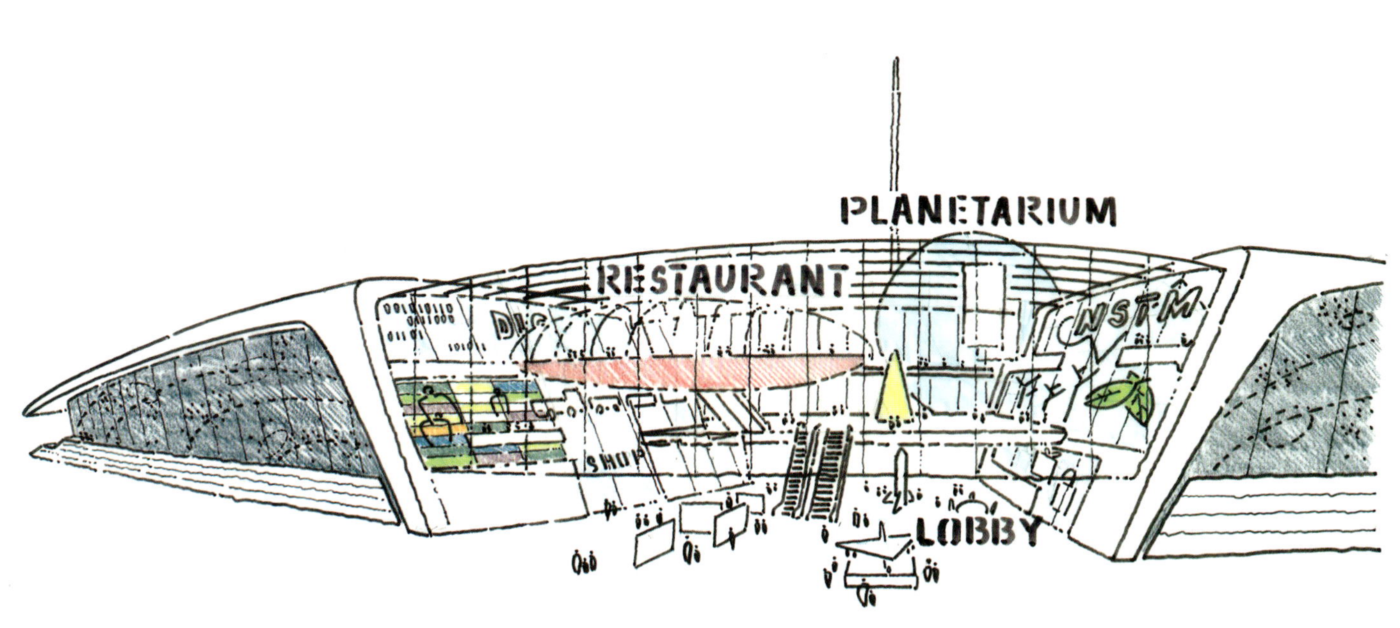

博物馆前后流线型立面（**上两图**）。

中央大厅入口的透视图（**下图**）。

首尔世运总体规划设计

地点：首尔/**日期：**2004/**场地面积：**250000m²/**总建筑面积：**1375372m²

意识到过度狂热的现代化已经破坏了它的一些核心元素，首尔正尝试通过恢复清溪川及其周边场地以使这个城市的平衡发展，重现活力。

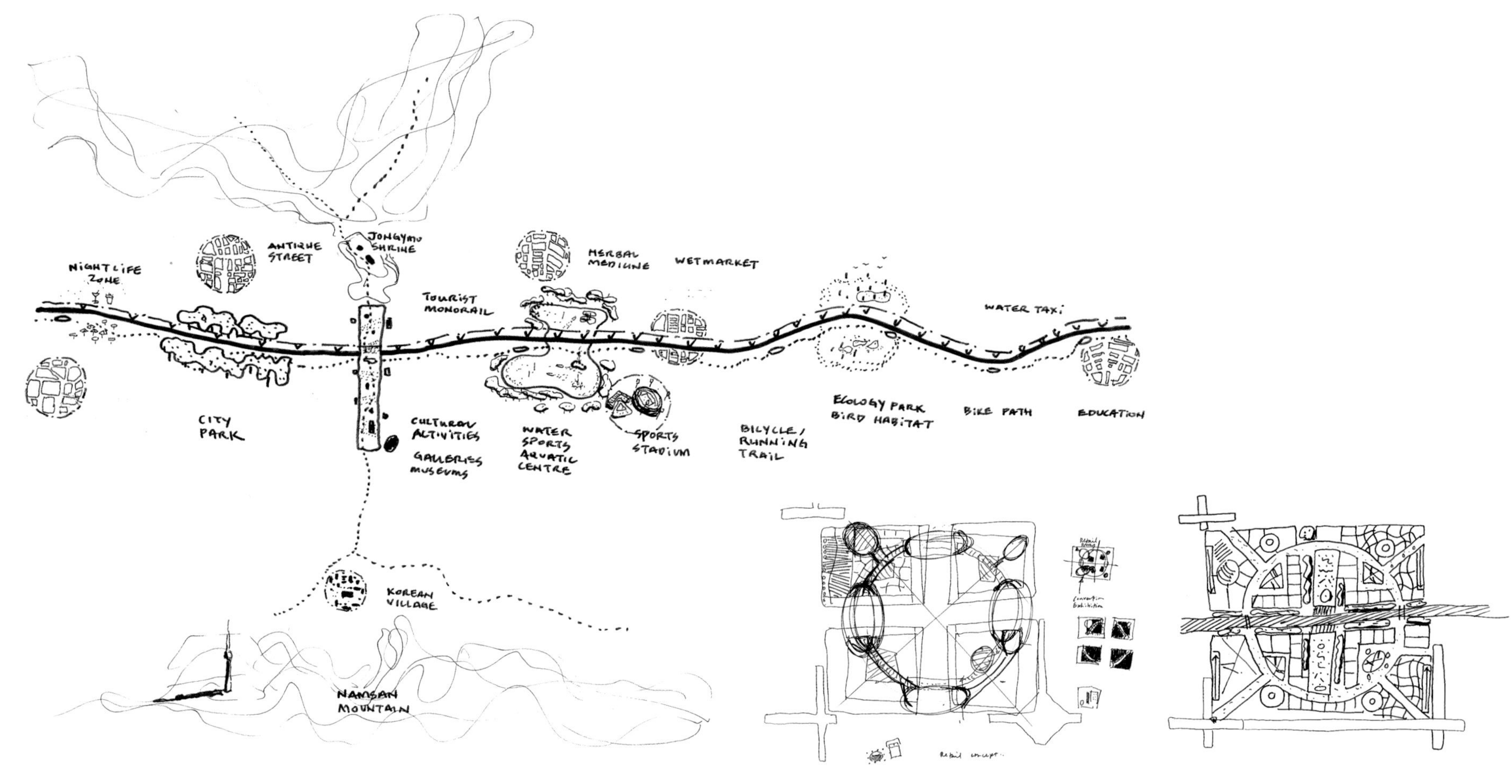

清溪川，即“清纯的河流”，是一条 10km 长的水路，穿越了首尔的旧中心。这个城市围绕着这条河流成长。600 多年来，这条河流一直是首尔的核心元素之一。首尔极端的城市化道路其实是将自然世界从它的中心排除掉了。在 1960 和 1970 年代，首尔快速地实现了现代化，但它同时把河流用大型的混凝土板覆盖，变成了一条交通主干道。

在 21 世纪初，首尔的一位前任市长（李明博）提倡恢复河流，以重现城市空间，并将历史上的水路重新引入城市。这个大胆的愿景需要再次全面评估城市的设计要素。于是在 2004 年，TFP 受韩国政府邀请提交关于世运区第 4 重建区的概念设计，作为著名场地规划的一部分。这个市区更新项目促使对河流进行恢复，同时努力追求成为城市复兴的典范，并综合体现生态、生活方式和韩国文化的多元融合。

在清溪川水系的两岸，是具有独特个性的城市区域，第 4 世运区规划就是这样一个例子。城市更新的位置位于首尔中心，由两条垂直轴将其一分为二。这些轴形成了一个交汇，是韩国国家城市化、文化和民族的象征，进一步将场地划分为四个扇形体，中间是一个正方形。

TFP 的第 4 世运区概念设计包括进一步开发街区二和街区 A。街区二主要用于住宅、办公和商业用途，形成

>>

城市的概念计划与清溪川的重建相关。

概念图。

强烈的轴向方案连接和汇集了清溪川复兴的城市规划，以与丰富的文化内涵形成紧密联系的组团（**上图**）。

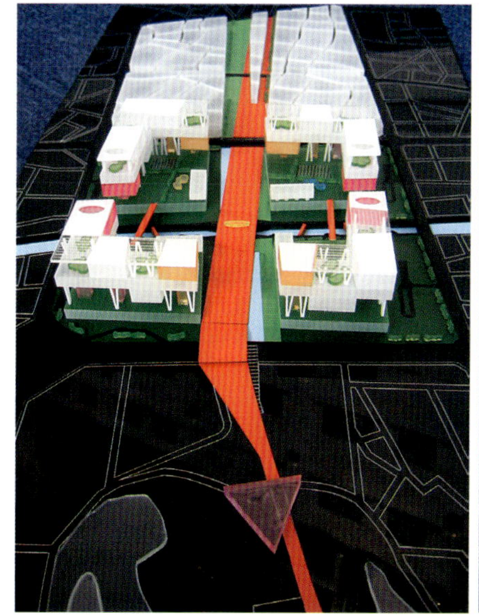

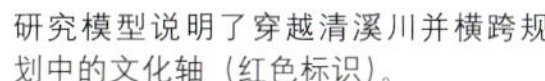

研究模型说明了穿越清溪川并横跨规划中的文化轴（红色标识）。

高架城市街区和集成的空中花园的庭院景观。

了规划中的东北区；街区 A 由 15364m² 的公共设施构成，例如艺术画廊、博物馆、图书馆、礼堂和研究机构等等，目的在于巩固首尔的文化和历史遗产。

街区二的设计遵循规划的建筑元素，包括一个裙房和一群沿边布置的高塔。一个大型的零售 Mall 将重新引入众多小型和独立商家，可以营造出由人行天桥和中庭组成、引人入胜的动感三维空间，同时将自然光线巧妙引入，并将线性临街商铺面积最大化。

在地面层，街区 A 由一个开放式的城市广场构成。这个广场采用简单的材料建造，以反映韩国情感的宁静致远。广场可用作庆祝活动的公共庆典空间，连接着附近的寺庙和南山，形成振兴城市的轴线。

景观设计是规划生态议程中的重要部分。虽然简单而且现代，但其设计融合了传统的韩国要素。例如交汇中的各个扇形体都体现着其中一种元素——天、水、火、地，这些都是国旗上的八卦的比喻象征；交汇中心的正方形以四大喷泉为特色，标志着方案的中心并与清溪川作为首尔灵魂的意义相呼应。

从典型的建筑体量中设计出大型空间，增添了视觉吸引力并可在其中修建空中花园。

人十字关系

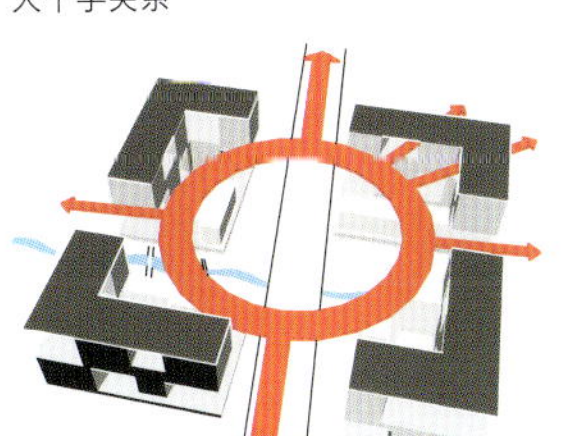

连接

分离

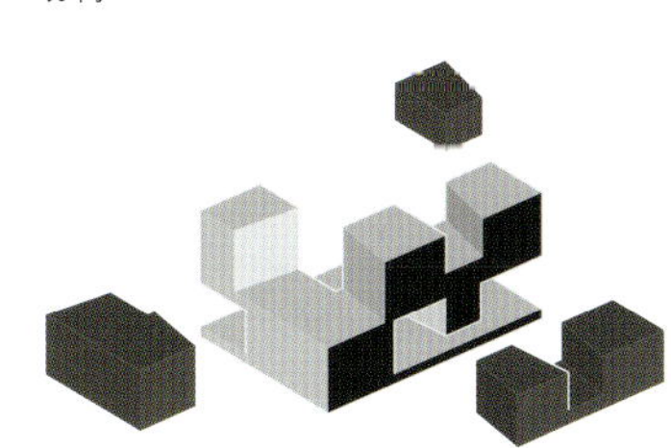

景观廊

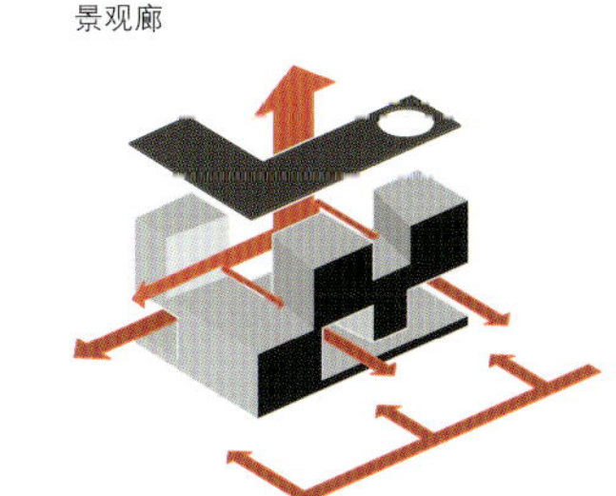

集结

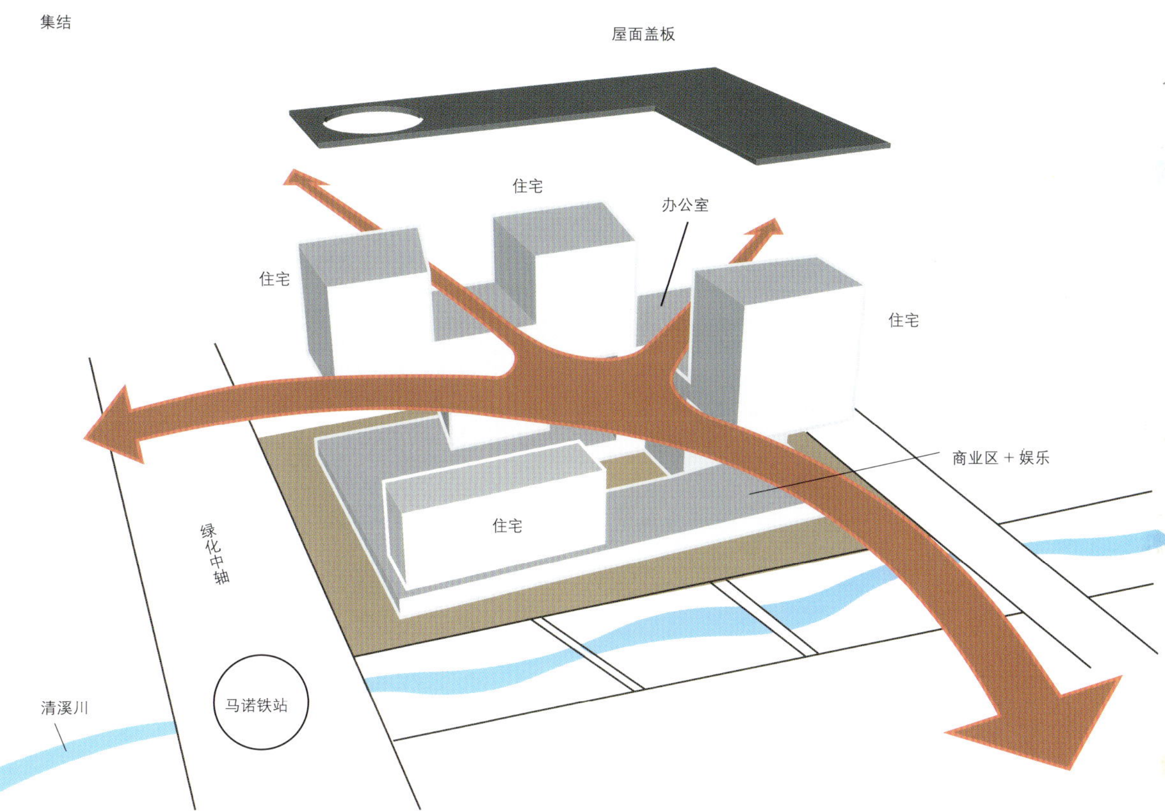

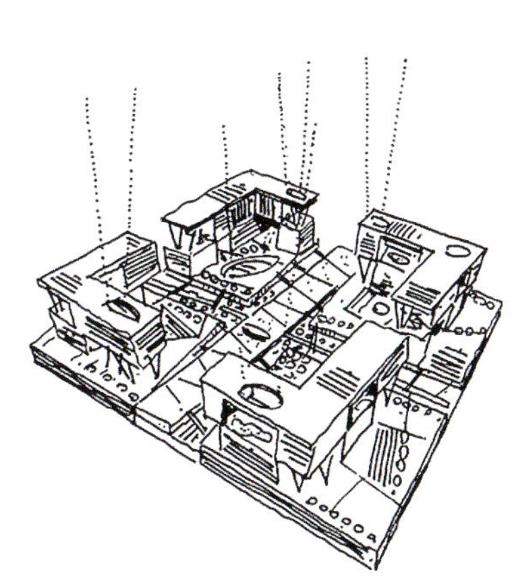

体量方案。

场地上其中一个街区的研究。

SEC公共关系中心与数码多元大学

地点：水原/**业主：**三星电子集团/**日期：**2005/**总建筑面积：**87350m^2

TFP是参与设计全球领先的电子公司园区设计的两个联合体成员之一。公共关系中心形成了集团的关键展示区，宣传和激发着它的品牌形象和价值，而数码多元大学则负责提供最前沿的集团培训设施。

2005年，TFP和三友建筑公司接受委托为一家公司的公共关系中心（PRC）和数码多元大学（DMU）设计。这些核心建筑是一个更大型规划的一部分，将公司位于水原的园区从一个制造基地转变成一个以研发为导向的场所。

通过实施该项目，公司旨在将城市肌理转变成一个充满理想和引人入胜的场所。由于发展已经淹没了其现有的建筑，在短期内这里将从郊区逐渐转变成为市区，水原承受着更新和再思考的巨大压力。总体规划的设计是使建筑的周边空间自然景观得以加强，同时在更大的范围内城市周边的条件得以改善。

TFP为电子集团校园设计的规划。

公关中心

公关中心是采用简单的体形作为建筑物的主要部分，它主要是用作展示和展览建筑，致力于通过数字和媒体展示教育和激发参观者。它隐喻着一个“魔术箱”，使公关中心能够与时俱进，为不同对象变化为不同的内容。

立方体有七层展览空间，划分为五大组成部分：基座、体验花园、数码谷、美术馆和屋顶花园。它利用技术形成了灵活动态的建筑空间，直接展示公司的信仰，并旨在同时体现民族化、奇特化、感情化和诗情化。

数码谷形成了公关中心的关键内部交通空间，唤起了视觉兴趣和刺激的气氛。空间由三个不同层次的扇形体构成，形成了弧形的立面并塑造了数码谷的外部形象。强大的动画影像和信息可以被投射到建筑表皮上，作用就像是超大尺寸的未来广告牌，给观看者带来强烈的视觉冲击。

>>

体验花园通往公共关系中心。

公共关系中心夜景展示了建筑物立面上的综合数码影像（**右上图**）。

得益于最先进的技术，大型影像可以投射到弧形的内侧墙面上（**右下图**）。

数码多元大学

数码多元大学是用于教育和培训公司员工的专业机构，旨在提供不同层次的集团培训，内容涵盖从新员工培训到面向高级行政人员的最高层次的公司战略研讨等。设计追求的是提供一个互动环境和一种引人入胜的空间体验，使交流沟通得到鼓励，创意和跨界得到普及。

由于数码多元大学比公关中心更具学术氛围，数码多元大学主要由四个部分的集合构成。礼堂、中央空间、餐饮区和公寓楼及其他功能性空间都沿着贯穿建筑内部街道的主轴分布。

漂浮于这条街道上空的建筑像是一双相互交叉的手，这是公司的集团标志之一。它包含数码多元大学所有主要部门的教学区——技术部位于东侧的手，而管理和行政部位于西侧——是内部街道社交空间的垂直延续。

两个其他主要元素被并入数码多元大学的建筑群中：宿舍和餐饮区。这些建筑显得较为独立和奇特，通过相连的结构和天桥连接到数码多元大学的主体。

公关中心和数码多元大学以及它们的独立组合部分间的关系形成了动态的组合，相互呼应，为场地创造出全面而引人入胜的规划。

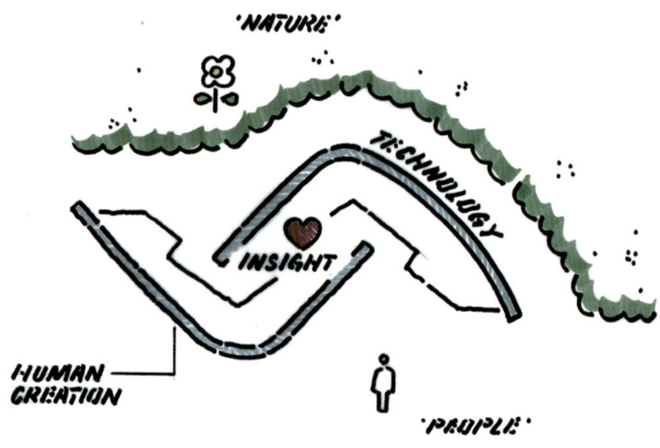

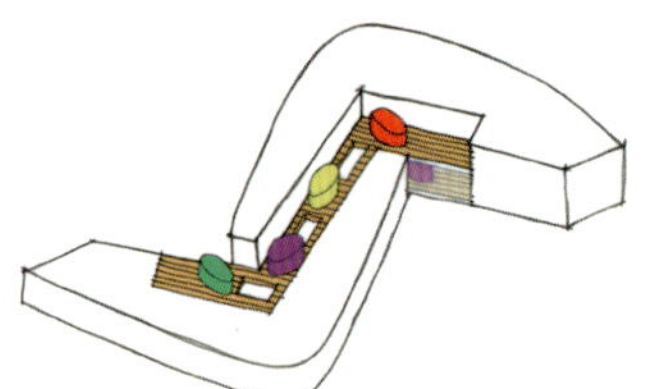

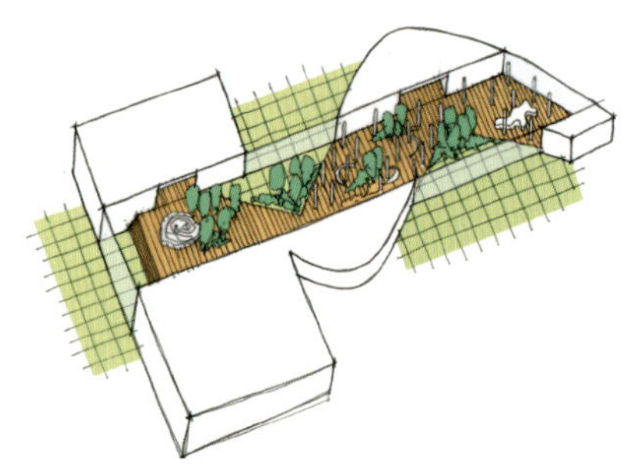

内街概念
上层——私密、社会、思考。
首层——公共、自然、放松。

大型中庭穿过建筑。

数码多元大学的元素通过一条内街和步行桥相连。

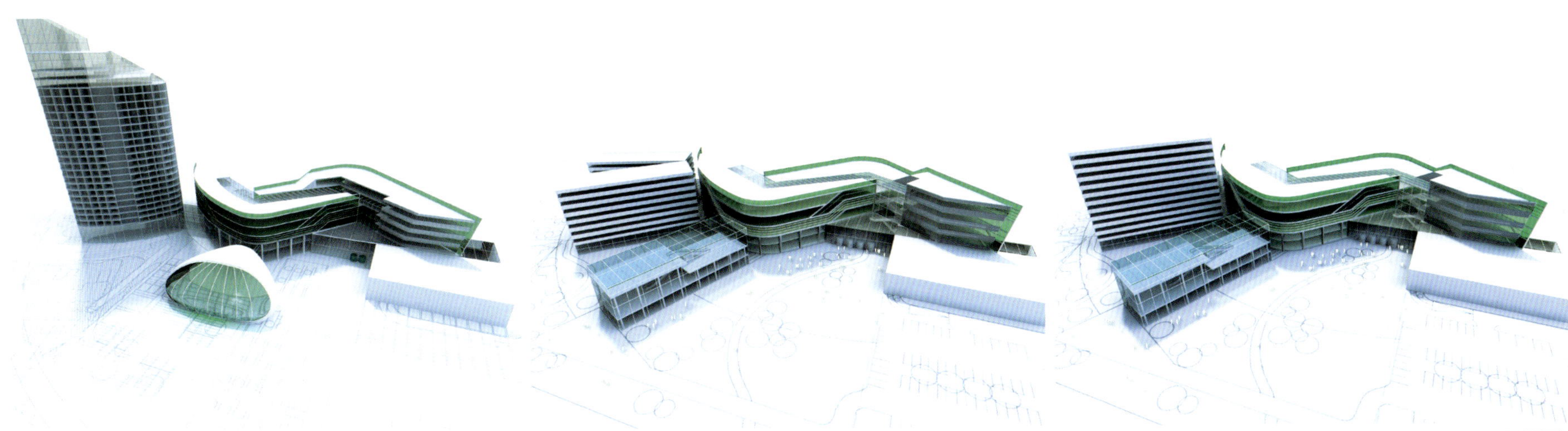

最终概念方案（**上图**）。

设计概念：一栋弧形、相互交叉的建筑物，几栋裙房如"手指"般交叉（**右下图和中下图**），尽端有一栋单独的高层建筑（**左下图**）。

大邱永进大学Chilgok校区

地点：Chilgok/**业主：**北京永进专科学校/**日期：**2003/**场地面积：**87公顷/**总建筑面积：**255047m²

作为韩国最好院校之一，永进专科学校自1977年成立以来，已经成为教育界的先锋。TFP接受委托设计Chilgok校区的总体规划，旨在创建一个反映此机构技术和文化价值的国家标志。

Chilgok 场地处于韩国一个农田包围的峡谷中，紧靠大邱和倭馆两座城市。虽然其交通网络（铁路、高速公路和机场）比较发达，离繁华市区不到 1 个小时的路程，但却拥有安静的自然环境。

在广泛研究了校园结构、功能和布置以及不同系科和课程之间的关系后，认为村落式园区特别适合于Chilgok。起伏的地形要求校园建筑物和其他设施集聚在小山之间的几个区域，且被构思成一个共生的环境，使人居和自然之美达到平衡。

TFP 主要的校园设计思想之一，是一个以共用建筑为特色、侧面由成排的教学楼和住宅围绕的中央骨干——几乎就像叶子的叶脉将中间茎干分开一样。如果将某些功能连接在一起，那么为了方便起见，相应的系馆和实验室也要直接连接到其中，或与其相邻。

学生中心位于主干的一个末端，是整个校园的焦点。它体现了学生的社会生活，也是一座标志性建筑，将学生们聚集在一起。

新校园将容纳三个主要教学部门——小学、初中和高中；一所大学和一所专科学校；以及技术和培训中心——所有这些都需要各种管理、居住和康体设施的支持。

TFP 的总体规划旨在创建一个具备明显的大学氛围的城镇，公共空间内的小型“市中心”内有餐厅、时尚酒吧、银行、洗衣房和超市。

方案设计通过明确一个通向大学主要地点的专门入口，以创建一个进入校园的强化意识。体育场位于校园的边上，以便学生和附近城镇的居民可以容易地到达，在东南侧有自然且陡峭的小山，当参观者从外围环路进入体育场时，可以提高参观者对建筑的感受。

校园规划和建筑是学院与大学精神的反映，它体现了这所大学的历史、文化和形象、管理方式、甚至其未来的发展方向。TFP 的总体规划设计，鼓励大学与居民在可持续发展的空间内相互交流，并将景观环境视为一份宝贵的资产。

校园入口透视图。

校园入口处学院 Chilgok 校区总体规划鸟瞰图。

龙仁市龙仁东川住宅建筑

地点：龙仁东川/**日期：**2005/**场地面积：**219330m²/**总建筑面积：**611570m²

TFP是龙仁东川住宅建筑群设计竞赛的获胜者，其总体规划提议在一个有吸引力的生态环境内开发一个持续发展的世界级建筑群。

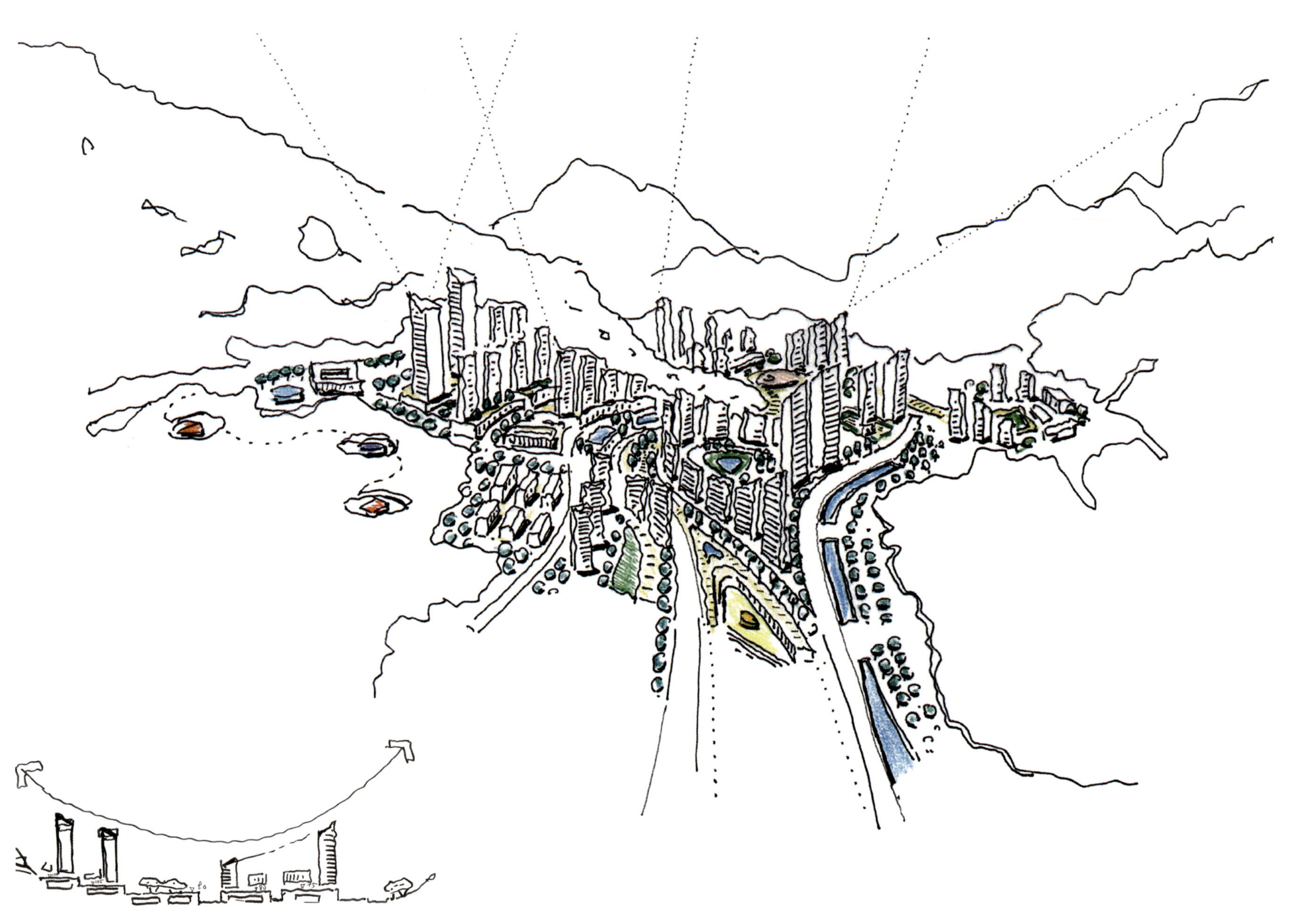

龙仁东川住宅建筑群，其南边由山丘和郁郁葱葱的绿树环绕，北边由一条道路和一条小溪包围，如同远离首尔城市喧嚣世外桃源。它紧邻首都、国际机场和两条主要的高速公路，这些因素使其成为居民获得居住在自然环境中一个理想场所，如果他们需要，就可以很容易地到达这座城市。

一条生态小道像蜿蜒的丝带穿过社区。作为一个健身小路和人行道，这条生态小道将根据主题区域和建筑类型的变化将各居民社区联系在了一起。树林中的别墅为四层建筑，花园用木料、石头和玻璃建造而成；Clifftop 和 Canalside 社区是配有阳台、屋顶和空中花园的高层、高质量公寓。

各种建筑物高度不同，为所有人提供了最佳的视野。

社区呈现了场地的自然特性。

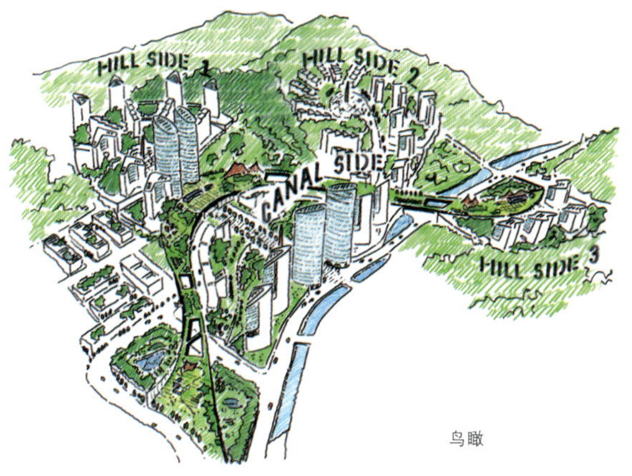

鸟瞰

绿树丛中的住宅

水畔

垂直的椭圆形建筑是入口门户的标志。它们形成了一个穿过场地的轴线，作为方向性的标志。

建筑高度的布局与山地的结构互补，能使得最多数量的公寓可以看到最好的风景和采光。这样可以创建一个与周围自然景观相协调的社区，而因建筑数量的减少可提供一种开阔感。

龙仁东川建筑群也规划了户外娱乐和儿童玩耍场地、体育设施、鸟类保护区和风景小径，利用其自然资产，拥抱生态生活。

高层公寓之上的一体化屋顶和天空花园是乡村的延续（**上图**）。

居民可以从不同类型的住宅中进行选择（**下面三图**）。

新加坡86%的人口居住在政府建造的高层住宅楼内。新加坡是可以保持一天内交通顺畅的少数大城市之一。

新加坡

· 榜鹅站

新加坡

新加坡传统建筑和现代摩天大楼的混合对比。

新加坡位于马来西亚以南，占地面积 700km^2，人口约 400 万。受地形限制和人口稠密的影响，城市规划极其重要，因其基础设施比较完善，所以城市发展很成功。

1965 年获得独立后不久，新加坡就开始大规模的现代化规划，以维持自己经济的发展。它建立了制造业，充分利用其地理位置扩大港口和增强国际贸易联系，并且投资公共教育事业。20 世纪 70 年代，住房危机数年后，岛屿上纷纷建立了许多新城镇，政府通过在指定区域建造质优价廉的高层公共住房，制定了房屋所有权方案。其中配备有商业、休闲和公共娱乐场所。为鼓励人们购买他们自己的公寓，政府允许人们使用他们的强制储蓄，这一计划取得了成功，使居住在市中心的人们搬到了土地利用规划规定的住宅区域。目前，新加坡 86% 的人口居住在政府建造的高层住宅楼内。

与房屋开发同时进行的是有效基础设施的落实。它不仅考虑到了经济和社会方面，而且考虑到了交通运作的影响。由于进行预先规划这一前瞻性方法，使新加坡成为世界上最繁荣的城市之一，以及在市区内一天任何时间都能保障交通顺畅的少数大城市之一。

TFP 在新加坡第一个设计建造的是青衣城。它在 1996 年陆路交通管理局委托设计的榜鹅站和三条铁路网之间的新乘客换乘站。其中两条铁路网连接榜鹅站和新加坡更大的公共交通网，第三条是一条国内线，服务于榜鹅的新城镇。

TFP 对 maritime 广场的设计。

榜鹅站

地点：榜鹅/**业主**：新加坡陆路交通管理局/**日期**：1996—2001/**场地面积**：11250m^2/**总建筑面积**：21920m^2

计划成为21世纪住宅区的典范，榜鹅新城镇有交通设施与之相匹配。现代化车站位于周围景观之中，是通向新加坡未来卫星城的通道。

榜鹅是新加坡最古老的聚居地之一，与城市的其他地方相比以往发展缓慢。然而，由于城市空间的缺乏和人口的持续增长，自从受到政府住宅发展委员会的关注后，榜鹅就利用这一最佳机会开始增加房屋建设。在榜鹅，成片的丛林得到开发，以建造人口密集的居住型新城镇，而且配备有现代设计风格的居住、海滨商店、餐厅和娱乐设施。

在榜鹅城总体规划中，榜鹅站将建设成为大型的综合商业和住宅区。榜鹅站的建设早于多数城市建设，也将成为城市周边发展的启动因素。榜鹅枢纽连接当地的轻轨（LRT）系统和地铁（MRT）东北线（NEL），轻轨在未来城市中将发挥重大作用。这是一个全自动无人驾驶的轨道系统，从新加坡的地下通往榜鹅的港湾城。它是新加坡铁路系统的主要组成部分，服务于400万中的四分之一人口，而且其网络贯穿于整个岛屿。

为了将未来基础设施的扩展考虑在内，北岸线（NSL）隧道管建在了榜鹅站下面。当完工时，这一壮观的枢纽将会连接城市的地铁、轻轨和北岸线轨道网。

作为榜鹅站的建筑师，TFP 创造的是流线型现代设计，表面呈弧线形，用铝和不锈钢制成，总长 320m。这一未来派的地标是沿线最长的车站，并且是仅有的两个

>>

榜鹅站的概念。

榜鹅新城区规划。

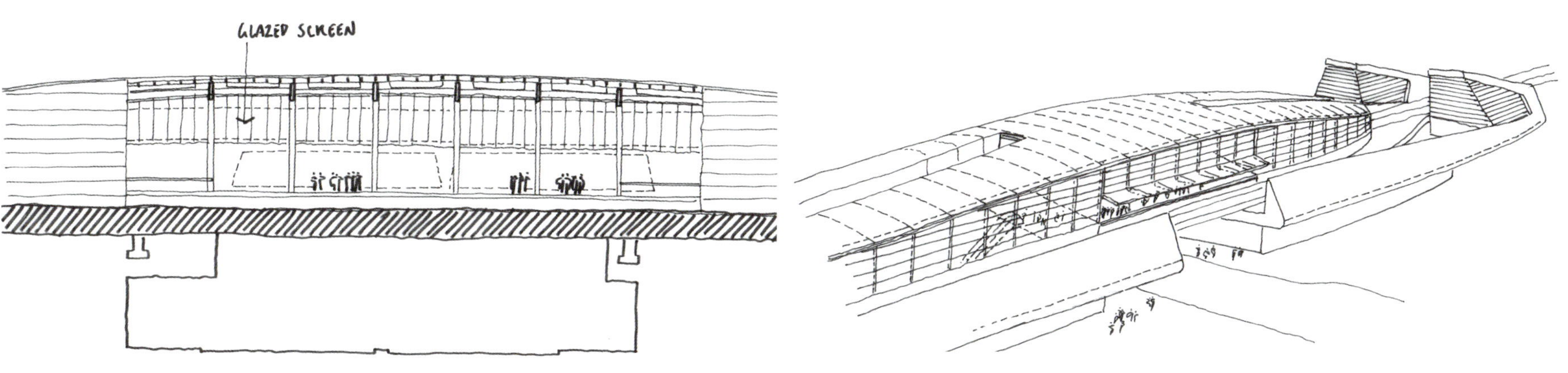

榜鹅站（上图）的光滑界面。

穿过轻轨雨棚和站台（下图）的剖面。

地面上车站中的其中一个。它是新加坡这一新区域内城市交通网络的主要组成部分。

这一现代化车站有3层，具有4个入口，连接用于高速火车的地铁地下线路和高架轨道上的榜鹅轻轨系统。分散的大厅直接建在站台的上方，6个电梯可以通往上面。将穿过地面车站中心的榜鹅主干道进行整合是其中一个特别引人注目的特点，使进入卫星城的通道壮观且奇特。

当从北向南看车站时这种感觉更加明显。由于通风竖井和冷却塔都呈直立状且在弯曲的金属面板之内，所以轻轨站台与毗邻的高架桥结构相分离。

内部用单色装饰，包括磨光的花岗岩、金属墙板、不锈钢和玻璃。这些为彩色艺术品和令人奇妙的纹理提供完美的背景，融入车站的设计当中，并且在其纯净的当代建筑背景下更加惹人注目。

沿其中心轴（**左上图**）的榜鹅站一景。

车站内部将工艺品融入设计（**右上图和下图**）中。

Punggol Central Road
Taxis
Pick-up point
Punggol Central Road
Bus stop
Tickets

车站的大厅一景。

未来派的榜鹅站。

世界上一些先锋设计师在中东的设计手法体现现代和新颖的构思。

中东

· 公园广场

· 商业湾塔马尼艺术办公楼及酒店

· 科威特Julai'a度假酒店

中 东

在中东石油储量丰富而世界石油匮乏的推动下，30 年来阿拉伯联合酋长国（UAE）已走向稳定发展的道路。因经济增长迅速和相对开放的移民政策，短时间内就加速了城市化进程。依据联合国发展计划署（UNDP）编制的 2005 年人类发展指数报告，阿拉伯联合酋长国已经成为世界上最发达的国家之一。

尽管在过去的 15 年内，阿拉伯联合酋长国每年人口增长率仍为 5%，但它更倾向于提高居民和游客的数量。因此建筑业呈现繁荣景象，并且在建筑物和基建项目上的投资也更体现规模化。

许多新的建设场地都选在具有挑战性的沙漠环境中，像迪拜这样的著名城市面积不断扩大，成为世界版图上的新兴城市。然而，由于迪拜的石油储量不如阿布扎比等邻近酋长国丰富，为了发展而采用多元化战略。迪拜统治者谢赫•穆罕默德渴望将它转变成一个超现代的城市——国际金融和商业中心，以及热点旅游和购物目的地。巨额投资和惊人的发展使迪拜在仅仅 15 年内几乎从零发展成为一个令人惊叹的城市。与目前的 500 万游客相比，政府报告预计到 2020 年，每年城市可接待游客量将达到 1500 万。

经实践证明，商业加旅游业是一个城市发展成功的原则，新加坡已成为迪拜模仿的对象。中东地区的闲暇时间为发展提供了巨大的潜力，同时所有酋长国都试图建造引人入胜的项目，吸纳区域内外的游客。迪拜已将自己转变成了一个运输中心：现有的机场正在扩大，有 6 个跑道的新机场也正在规划中，每年可容纳 1.2 亿人次乘客。

迪拜的建造速度和工程规模与中国极其相似。都在使其经济迅速走向现代化；新城建设场地都选择在绿地上；基础设施以机动车辆为重心。结果迪拜的交通状况变得不太有可持续性，所以新的基础设施正在建设，以缓解大规模的交通堵塞。以往对人行步道网的考虑比较少，但是目前政府不得不寻求更加吸引公众的集体运输系统的方法。

自从 20 世纪 90 年代初期以来，TFP 已成为阿拉伯联合酋长国建设热潮中的一部分。1993 年，公司加入到了联合国教科文组织（UNESCO）举办的竞赛当中，设计迪拜图书馆和文化中心。尽管这一项目最终被延期，但是 TFP 在这一地区建立了自己的立足点，并加入到了许多商业项目建设中。它为阿拉伯联合酋长国带来了宝贵经验，尤其是在高层建筑设计领域内，并且将轨道交通整合到了大规模综合使用项目建设中。

商业湾的阿拉伯塔酒店建成后将成为世界上最高的建筑。

传统的沙漠交通方式与当代的城市背景形成对比。

迪拜的建造从零开始，只用了 15 年。

公园广场

地点：阿拉伯联合酋长国，迪拜/**业主：**KM物业/**日期：**2005/**场地面积：**131565m²/**总建筑面积：**985130m²

公园广场被有树林的开阔草地所环抱，可称之为沙漠中的绿洲。TFP提议的总体规划的目的在于创造与人和谐的环境，将日常生活的各个方面都整合到一起，从生活和工作到购物、娱乐和旅行。

地铁公园广场站的未来之家，TFP 将这一场地看做是迪拜中心理想的目的地。由于临近比尔公园的优美环境，它是一个混合使用的综合体项目，包括 13 个高层建筑。其中有商业零售、高品质办公楼标志性旅馆、住宅楼、服务公寓和公共设施。

高楼和裙房为一紧密结合但有节奏的整体。建筑物高度成阶梯状以满足不同需求，可以在迪拜的天际上形成动态的剪影。

总体布局形状像新月，避免互相对视，每个高层都有一个裙房，且所有建筑都沿着面向绿化的裙房来布置。这也将周围公园布置纳入到了项目中，而且给居民和办公室租户提供视觉和精神上的享受。

办公楼和综合大楼位于场地周边，成弧线设置，使对公园、城市和远处海洋的视野最大化。它们布局设计灵活，便于商务办公或公寓住宅的使用。尽管每个高层的裙房主要用于办公，但也允许一定的灵活性。

作为对周围公园和绿化的回应，“叶子”的理念被融入到设计中。弯曲的商场 Mall 是主干并组织着其发展。它可以被想象成一条自北向南蜿蜒的河流，像叶子提供的养份一样，在项目中，它可以组织人流，这对商业活力十分重要。

由于迪拜夏季天气十分炎热，因此在初期设计阶段开展了遮阳研究以减轻过高的热负荷。建筑物的体型和布局设计不仅可以为自己提供遮阳而且可以互相遮挡，

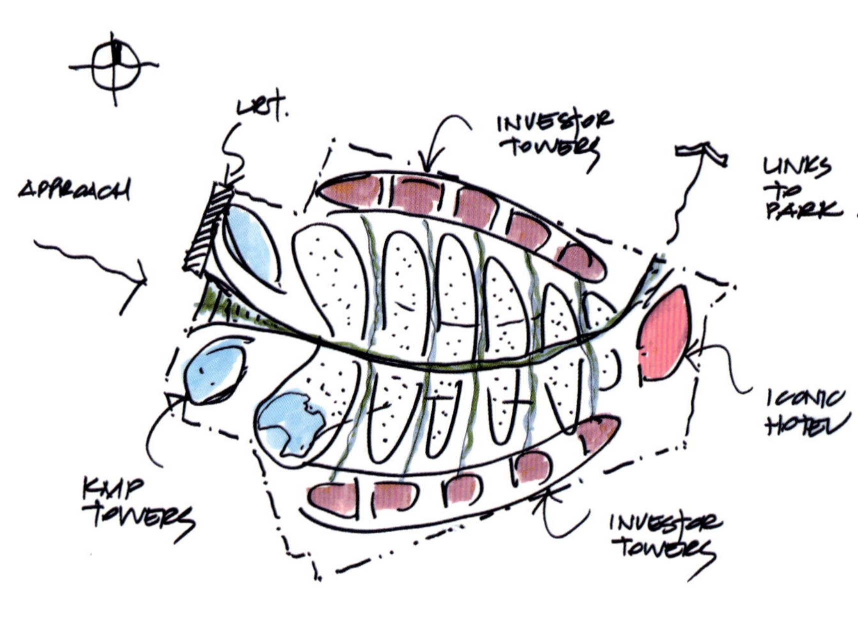

“叶子”理念的草图。

标明西侧主要入口的大厦。

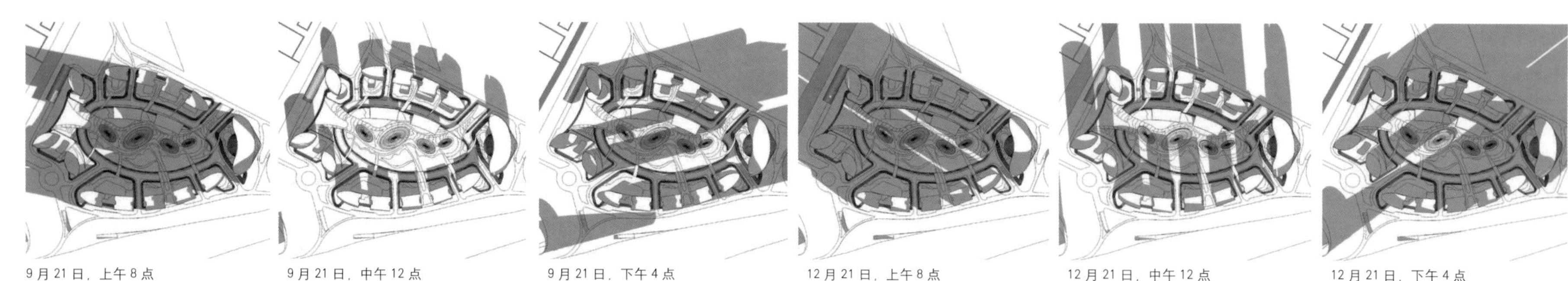

9月21日，上午8点　9月21日，中午12点　9月21日，下午4点　12月21日，上午8点　12月21日，中午12点　12月21日，下午4点

同时可防止获得的太阳能热量过多。除此之外还融入了夜间冷却技术、通风和热质量，以及使用相关的设备，例如风塔。中水经收集可用于冲洗厕所和灌溉园林平台。同时中水可将损耗降到最低，提高使用宝贵水资源的责任意识。

冬至和夏至期间的太阳影响研究（**上面六幅图**）。

600m 高大楼的早期草图（**下图**）。

场地夹在两个公园之间，并且由轻轨系
统相连接。

商业湾塔马尼艺术办公楼及酒店

地点：阿拉伯联合酋长国，迪拜/**业主：**KM物业/**日期：**2006–2010/**场地面积：**16400m²/**总建筑面积：**82000m²

在迪拜，大量的发展项目都在沙漠中进行，商业港位列前茅，正在发展成为一个主要的商业中心。

与谢赫·穆罕默德希望将阿拉伯联合酋长国转变成一个全球商业和商务城中心一样，商业港是一个新的“城中之城”。迪拜市中区 6400 万 ft^2（约 640 万 m^2）的商业和住宅区计划维持城邦国家在该区域的营业资本，目标是紧跟东京的银座区和纽约的曼哈顿。

迪拜塔竣工后将成为世界上最高的建筑，商务港邻近迪拜塔，是迪拜大规模总体规划项目系列中的其中一个。它共包含了超过 230 余栋商业楼和居住楼。对于这样一种首创的新型的建筑形式，将拥有一整套经充分开发的道路交通网络、人行通道网络以及丰富的水上交通网络。这将为来自世界各地的企业提供极为有利的环境和基础设施，有利于他们在此建立本地的、区域性的或国际化的商业总部。

TFP 为此完成了的总体规划，涉及商住楼联合开发项目面积达 82000m²。该项目中包括一个 20 层的商业楼和一个同等高度的住宅楼。二者将构成新的塔玛尼艺术大楼和酒店建筑群，新的塔玛尼艺术大楼和酒店将拥有更多艺术主题。同时，其所属资产，特别是其中的酒店因具有浓郁的本土文化色彩将深深地吸引到访的游客。这一总体规划正给我们描绘出这样一幅崭新的蓝图。

TFP 在该建筑群的设计过程中，视觉艺术，比如文字给予了他们创作灵感。其他一些视觉艺术，他们也正与当地的艺术家们一起努力创造。突出优雅和高效，塔玛尼艺术大楼和酒店就像两个玻璃盒漂浮在那清晰可见的双层建筑平台之上。而酒店所在楼宇将被嵌入一个长形的吸引眼球的“艺术主题展示幕墙”，这将对整个楼宇构成一个微小但却非常强烈的反差。这也可避免沙漠地区的强烈而刺眼的阳光直射，并将使整个建筑在夜晚呈现出生动有趣的轮廓和侧影。

商业建筑起到陪衬酒店建筑的作用，同时，以相似的方式嵌入一些相关的艺术特色到酒店建筑内部，比如起源于当地的一些艺术品。

该建筑群中将规划建成一个大型的景色优美的步行中心街区，同时将包括条件良好的水上通道，这些水上通道已经与商业港水上交通网络相连接。无论是到访塔玛尼建筑群，还是由此启程前往别处旅行，所有游客都可以由别具本土风情的被称为阿巴拉（abras）的水上计程车搭载。

融合当地的艺术主题和图案元素，在建筑群正面嵌入艺术主题展示幕墙，以展示迪拜的文化。

整体城市空间的开发。

典型商业建筑规划

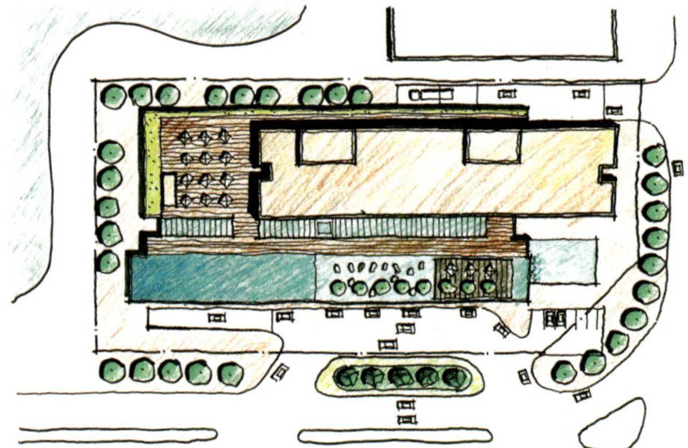

典型酒店建筑规划

对酒店和商业街区的规划。

使塔玛尼建筑群突出，即使在夜晚也能引人注目。

科威特Julai'a度假酒店

地点：科威特城/**业主**：Sawaf 房地产开发公司/**日期**：2005/**规划建筑面积**：170000m²/**总建筑面积**：148750m²

久莱酒店和度假村坐落在一个精心规划的风景区，使客观存在的极度恶劣的自然环境得以缓和，同时也是一个体验独特的度假方式和生活风格的好去处。

通过与 Al Jazera 咨询公司的合作，TFP 对五星级久莱酒店所提出的总体规划，给科威特人带来了全新的度假方式。酒店位于阿拉伯海岸，绵延整个海岸线 480 米。对休闲度假的综合性开发让这里宛如整个度假村中的一个小镇。高档酒店和豪华别墅、普通旅馆、便利商店、电影院、运动场、SPA 等休闲设施，一应俱全，应有尽有。

为了让度假村独具地方特色，同时也为了让其外部空间结构彰显合理有序，在 TFP 的概念性规划中，将其分成了若干个各不相同却又各具特色的场所，并让这些场所相间相邻。把酒店放在整个规划的正中央，而那些能为成员较多家庭提供居住的别墅群则成组地环绕于四周；高度私密性居住空间则被安放在整个度假村的外围；共享的商业、娱乐和来宾接待等公共设施都规划在度假村的南面边界处；将以家庭为中心的生活居住区规划在一些关键性区域，以降低周围嘈杂声的影响。

尽管酒店和度假村极具现代感，但在规划中也参考和融入了一些当地文化特色。在 TFP 的规划里，对于特定别墅的设计，他们融入了许多经典的阿拉伯特色。在这些别墅中，正中的庭园总是被作为整幢别墅的焦点。其作为公共区域，具有凉爽对流的通风以及自然光照。

科威特城坐落于度假村向北 60km 处，因其所处的近海地理位置，遭受来自气候和文化上的双重影响。由于恶劣的沙漠环境，该地区不得不与北面而来的干燥风和南面而来的潮湿风相抗争，以致整个建筑的设计进程都会受到影响。他们有意识地设定建筑物的朝向，以减少墙体暴露在南面和西面所带来的不良影响，同时在一些拱形或有顶盖的地方规划嵌入人行道和公共开放区，供人们遮荫避阳，将阳光直射的区域尽可能缩小，在任何可能的地方构建遮荫场所；那些格栅将有助于减少阳光照射和防止来自各种热源中心的辐射．风塔也被嵌入到别墅中，充当天然冷风供应系统。在室外一些人造地势的帮助下，防止空气向上流动和向整个度假村散开，此时，这些冷风系统会把冷空气排入室内，以起到保护作用。

一套水上交通网络贯穿并环绕着整个度假村，可以作为一个附加的降温手段。水上交通网络一方面是一种减少汽车的交通方式，同时也为度假村增加了该旅游景区特有的特色。

栽种植被是控制风向及减小其不利影响的一个有效方法。同时，当把植被栽种与人造地势和人造建筑等方式结合使用时，能够对度假村的建筑群提供相当高的保护强度。在 TFP 对度假村所做的概念规划中，精心挑选了栽种的植被，这样既能够达到防风这一功能性目的，也能够让度假村的外部景观更加具有吸引力。在建有水景观的地方植有棕榈树，不但可以供人们遮荫，也可以限制因阳光的直射而引起的水分蒸发。

调整视角布局，让度假村酒店入口（**左上图**），别墅及水路交通网络（**右上图**）。度假村区域的整体显现出其建筑靠近水面（**下图**）。

从南面鸟瞰整个度假村的效果（**上图**）。

总体规划的设计概念显示了海面是怎样同陆地结合成一个整体（**左下图和右下图**）。

南非以其丰富的多样性而著称，共有11种官方认可语言。

南 非

· Gautrain 快铁线

南 非

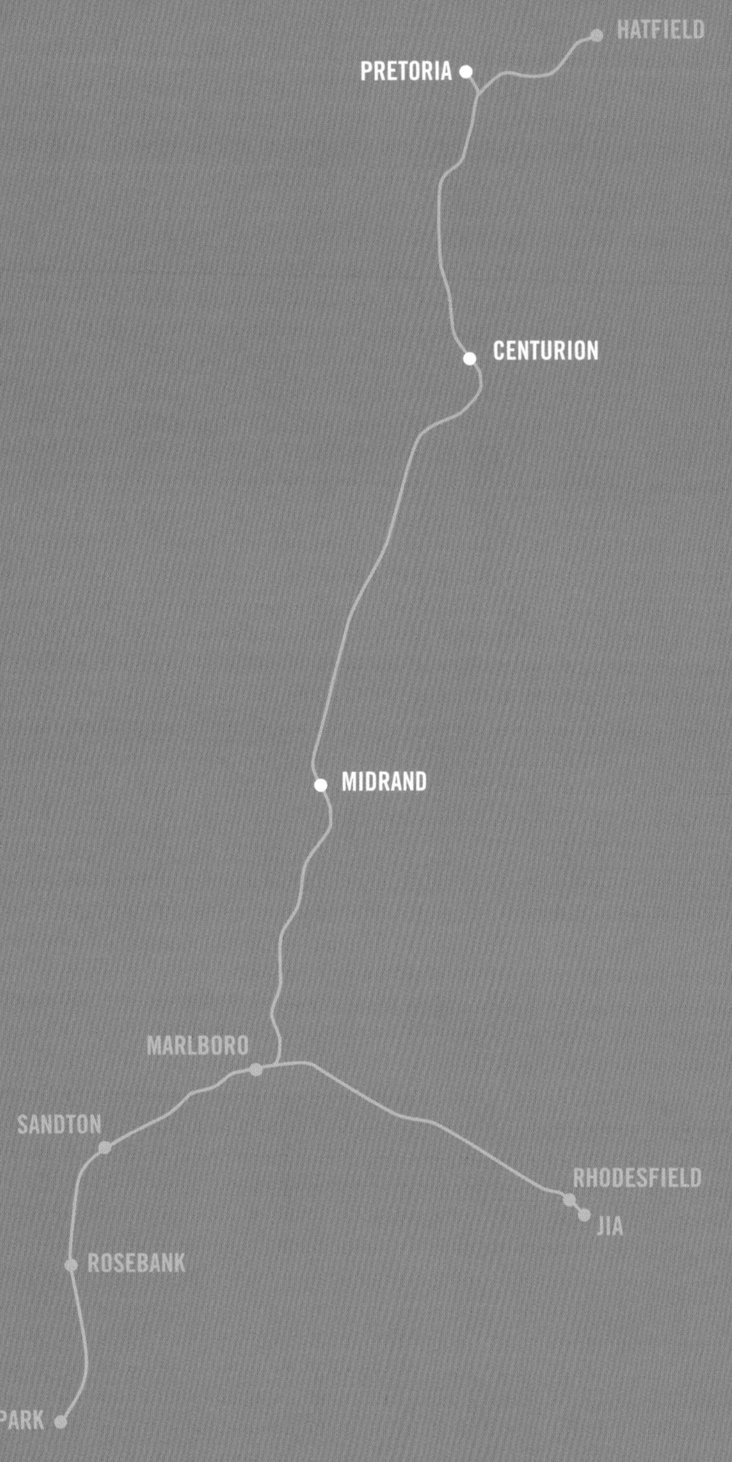

由于文化和种族的多样性，南非被称为彩虹之国，是一个非常美丽的国家。它富含矿产资源，以生产钻石而闻名，是世界上最大的黄金和白金生产地和出口国。

南非位于非洲大陆南端，由于欧洲早期移民和好旺角贸易航线的重要地位，南非的历史与其他非洲国家有所不同。自 1870 年和 1886 年分别发现黄金和钻石后，英国通过第二次英荷战争控制了南非。

随着 1948 年国家党的掌权，它制订了更严格的种族政策，称之为种族隔离出现了第一部有关种族区分的法律。少数白人尽享奢侈生活，而大多数黑人却在生活的各个方面处于劣势地位。

种族隔离政策大大削弱了南非的力量。其政策受到了其他国家的广泛批评，并在 19 世纪 80 年代对南非采取了国际制裁措施。反种族隔离的关键人物就是纳尔逊 · 曼德拉。由于反对种族隔离，曼德拉入狱 27 年，于 1990 年被释放，随后帮助南非恢复其千疮百孔的经济，并激发国内外人民对南非的信心。

自此以后，南非经历了巨大的变化。1994 年的民主选举使该国不再四分五裂，经济快速发展，激发了贫穷人口的信心。由于增长稳定，南非如今已被联合国标准委员会列为中等收入国家，国外投资在过去几年中快速增长。其财政、法律、能源和交通部门发展良好，并以良好的现代基础设施，如民航运输和公路体系而著称。

由于南非公共铁路面临着利用不足和资金不足的问题，这一切需要改变。豪登是新型的高速通勤铁路线，连接着约翰内斯堡市中心和坦博国际机场。一条支线穿行于约翰内斯堡和比勒陀利亚之间，从而缓解了两个城市之间的交通压力。该新线路预计会改变公众对地下铁路的看法，甚至截止到今天，其潜力也未得到充分认识和挖掘。

如今的南非需要以积极的态度前进。它是 2010 年足球世界杯的东道国，这是一个促使南非迈向更加成功和进一步发展的机遇。

豪登支线铁路线地图。

约翰内斯堡及其火车站鸟瞰图（**左上图**）。

比勒陀利亚花园城市（**下图**）。

约翰内斯堡亚历山大镇高密度的生活环境（**右上图**）。

Gautrain 快铁线

地点：约翰内斯堡/**业主：**庞贝拉联合体/**日期：**2006—2010

作为拥有大量南非专家的联合体成员之一，TFP参与设计豪登支线沿线的三座车站，即米德兰、百夫长和比勒陀利亚。

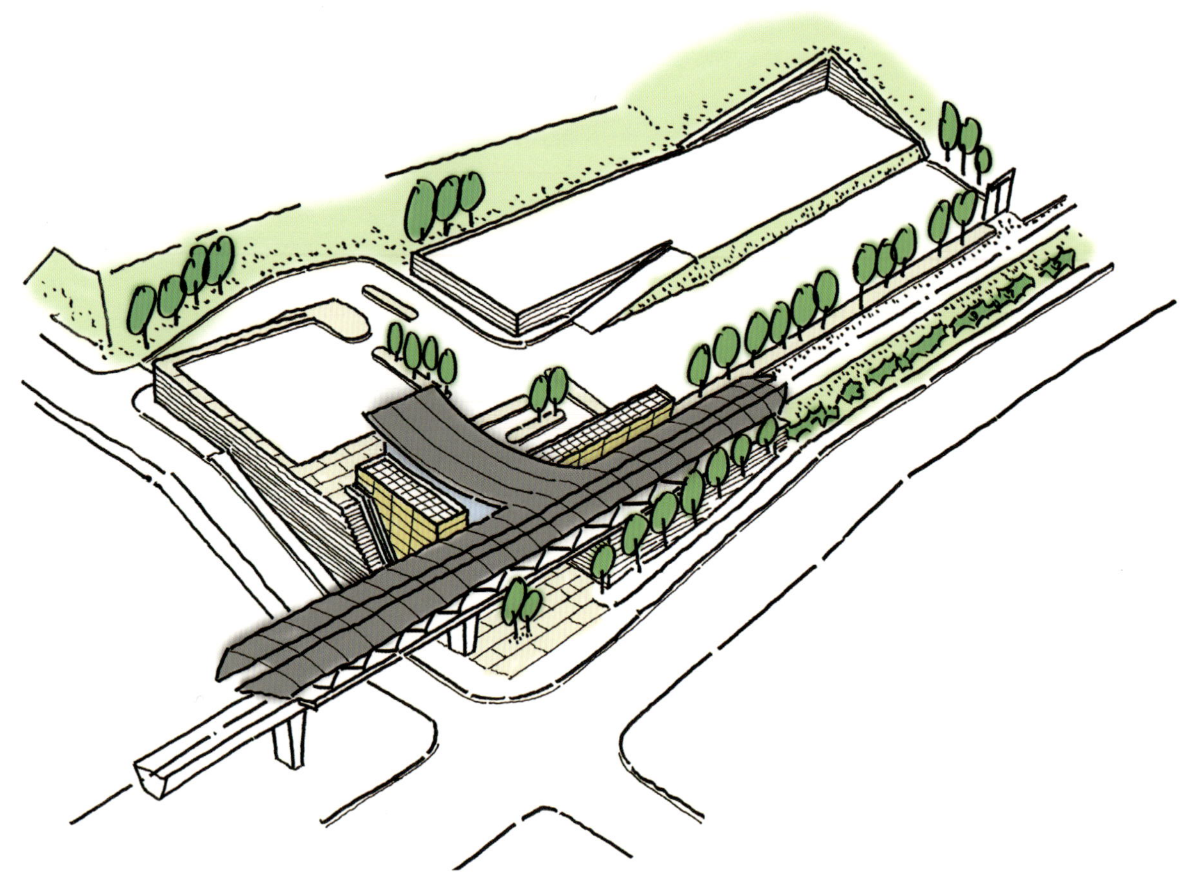

米德兰

米德兰是一座地面车站，位于未开发地区。由于地处沿公路线位置并将约翰内斯堡和比勒陀利亚连接在了一起，该车站预计会促进当地未来发展，并成为新的多功能区域枢纽。

根据系统化概念，车站设计源自大树的形象，大树在南非文化中是聚会、休闲和贸易场所的象征。此外，一个由树状结构支撑的雨棚，覆盖了整个站台。车站一侧开敞，从而提供了自然通风。

米德兰车站是典型的郊区车站，具有简易的地面候车大厅和两侧站台。其中一个从大厅进入，另一个从轨道下方的地下通道进入。车站布局和设施组织良好、标志牌井然有序且视线良好，确保了乘客能轻易找到周围的路线。乘客流量尽量保持直线，以避免高峰时期的交通拥挤。

>>

车站设计有助于弥补轨道两侧之间的高度差异。

透视图和施工进展。

百夫长

百夫长车站与米德兰车站的规模相等，是支线的下一站，并且是与其相邻的城镇商业中心区的焦点地区。由于车站位于高架桥之上，它从地面提升并从轨道下方的地平面上直接进入大厅。自动扶梯、楼梯和电梯可将乘客向上运送到站台和列车处。

>>

TFP 总体规划

车站外视图

地面大厅位于铁路轨道正下方

站台

铁路车站设计理念：源于树木的形状。

比勒陀利亚

比勒陀利亚车站原址位于目前车站地区，是早期殖民建筑的重要遗址。车站建筑由英国建筑师赫伯特 · 贝克设计，末端为一历史久远的雨棚，其年代可追溯到20世纪早期，它构造独特，借由铁路轨道设计而成。比勒陀利亚车站的蓝色列车是奢华旅行体验的理想之地，此外，该车站还连接着地铁和城际铁路，并坐落于回城轴线的尽端。

对于周围建筑和整个城市结构来说，比勒陀利亚车站是不可或缺的，因为它将恢复该地区的繁荣。TFP 的设计将新老车站相融合。新车站位于雨篷和老车站之间，由一个雨篷覆盖，呼应了大树的设计理念，并将三个元素融入了一个整体之中。

庭院广场由新老车站共同构成（**下图**）。

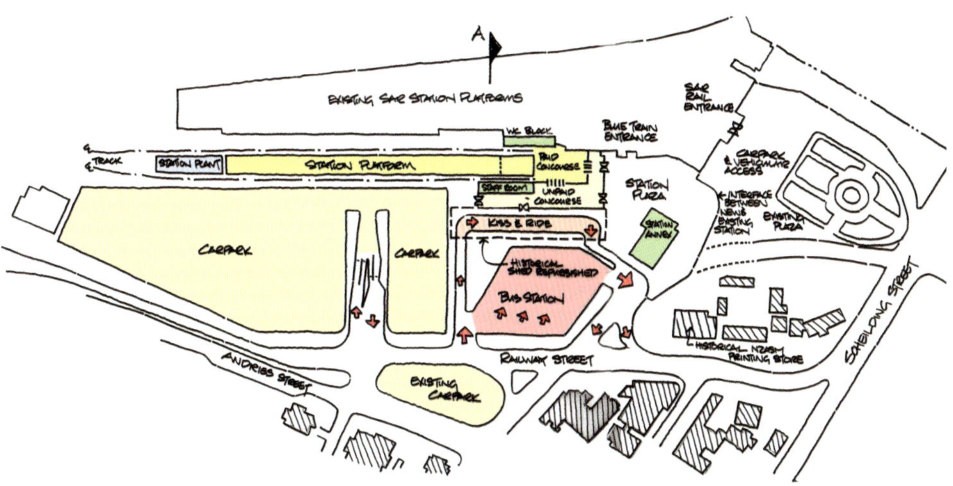

比勒陀利亚的新站与已有临近建筑（**上图**）的形式相适应。

场地图（**左下图**）。

铁路车站的施工现场（**右下图**）。

印度正在经历一场通信变革：越来越多的印度人倾向于使用电视机，网络发展更是如日中天。

印 度

· 七个车站改造研究和新德里站总体规划

印 度

在印度乘坐火车会使你产生全新的认识，因为乘客占据着每个可能的角落（**上图**）。

在孟买，各种交通工具穿行于Chhatrapati Shivaji终点站（**左下图**）。

地方街道中穿行着手推车（**右下图**）。

经过悠久历史、艺术和文化的熏陶，当今的印度已然成为新旧事物的大熔炉。此处，圣牛与最新款的汽车在同一街道并肩行驶，古迹与现代办公大楼并肩耸立，并已成为部落村民和政商名流的共同家园。

印度沦为英国从属国将近一个世纪，1947 年，印度独立，英属印度帝国被分割为两个独立主权国，即印度和巴基斯坦。随后几十年中，印度一直拒绝进行国外投资。然而，随着印度的主要贸易伙伴苏联的解体及海湾战争的爆发，导致石油价格大幅上涨，印度被迫在 20 世纪 90 年代初向国际贸易市场 打开大门。印度政府开始了经济改革计划，带动产业发展，在愈演愈烈的竞争中逐渐崭露头角。

印度的传统经济为农业（超过一半的人口仍然居住在农村地区）、制造业和纺织业，但如今，包括信息技术、电信和制药业在内的大量服务行业正在其发展中扮演着越来越重要的角色。印度高度重视教育的发展，加之大量受过良好教育并精通英语的年轻人，目前已备受全球采购外包服务和技术支持的客户的青睐。

互联网革命对印度产生了巨大的影响，当互联网泡沫经济产生危机后，许多印度人离开硅谷返回了祖国，大大促进了尖端信息技术学校的发展，并成为行业顶尖专家的聚集地。

尽管印度是世界上发展速度第二快速的主要经济体，但贫富差距仍然巨大，不断增长的人口意味着人均收入的低下。官方数据称，大约三亿印度人每天花费少于一美元。大多数城市中仍然存在棚户区，它们采用废料建造，无自来水、污水处理系统和电力供应。虽然印度政府正努力致力于建造住房设施和公用设施来促进城市发展，但仍然需要共同的努力来满足需求。

大量的人口还对基础设施造成了巨大的压力，使基础设施无法与人口增长并驾齐驱。直到最近，基础设施的发展才被公共部门所重视。同时，历史遗留下来的冗繁的官僚机构使得效率低下：公路和铁路发展极其缓慢，缺乏维护或新建，导致交通极其拥挤。

因此，印度政府开始允许私营企业建造基础设施，从而增加了外来投资，并在随后改善了状况。目前，印度道路建设是中国的两倍，TFP 建筑设计公司参与了印度境内城市中火车站的更新和升级。

印度的发展潜力巨大，其现代化进程提供了大量解决社会问题的机遇。一旦这些问题得到解决，印度将成为举足轻重的世界强国。

孟买引人注目的拥挤集市。

七个车站改造研究和新德里站总体规划

地点：新德里/**业主：**印度铁道部/**日期：**2007—2008/**面积：**86公顷

TFP是印度政府计划的合作单位，帮助印度对其老化和低效的车站进行升级改造，建成现代铁路发展史上的精品示范。

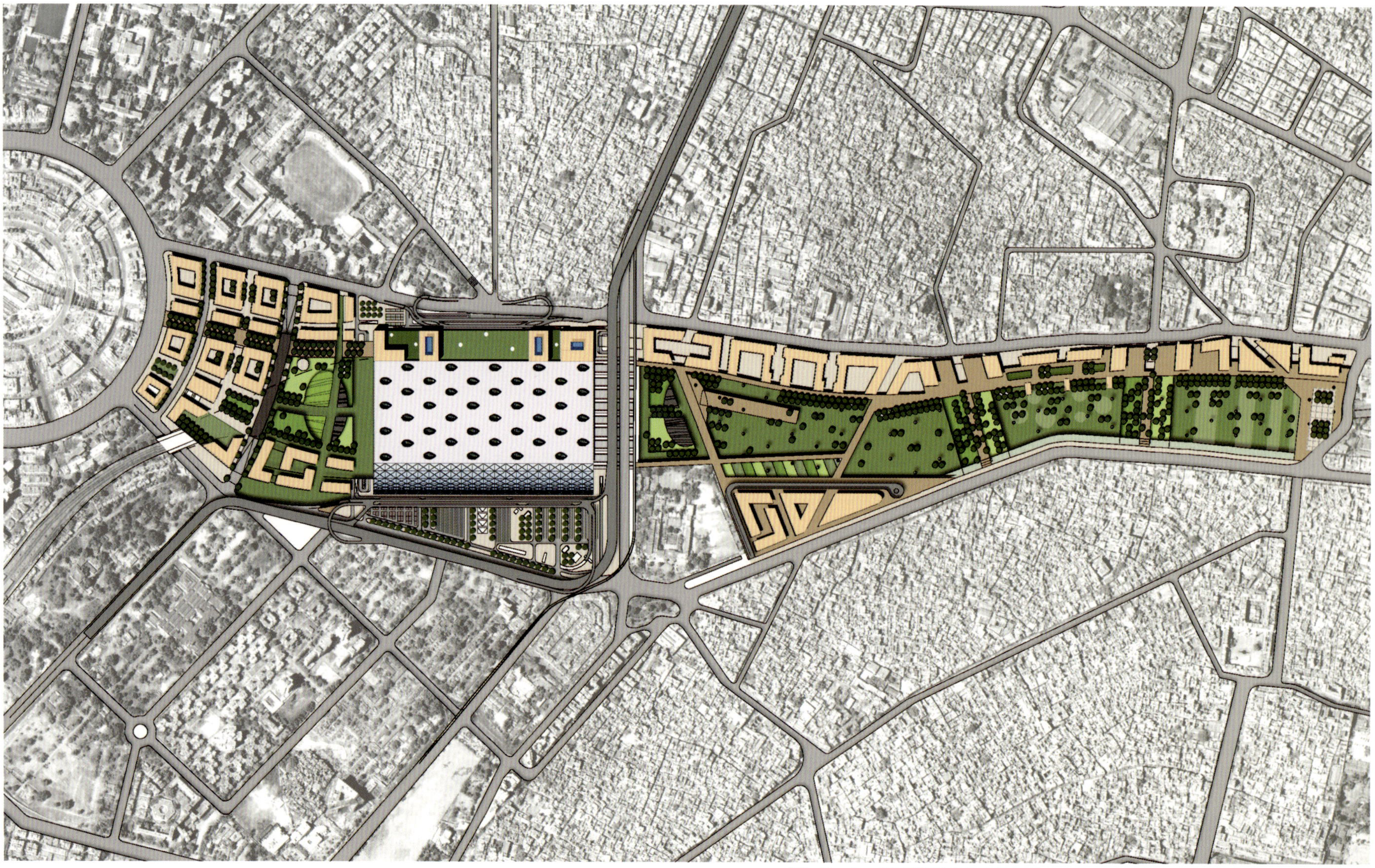

新德里新站与城市老旧部分相融合（上图）。

现有地区的示意图显示了建筑和城市结构之间的关系（下图）。

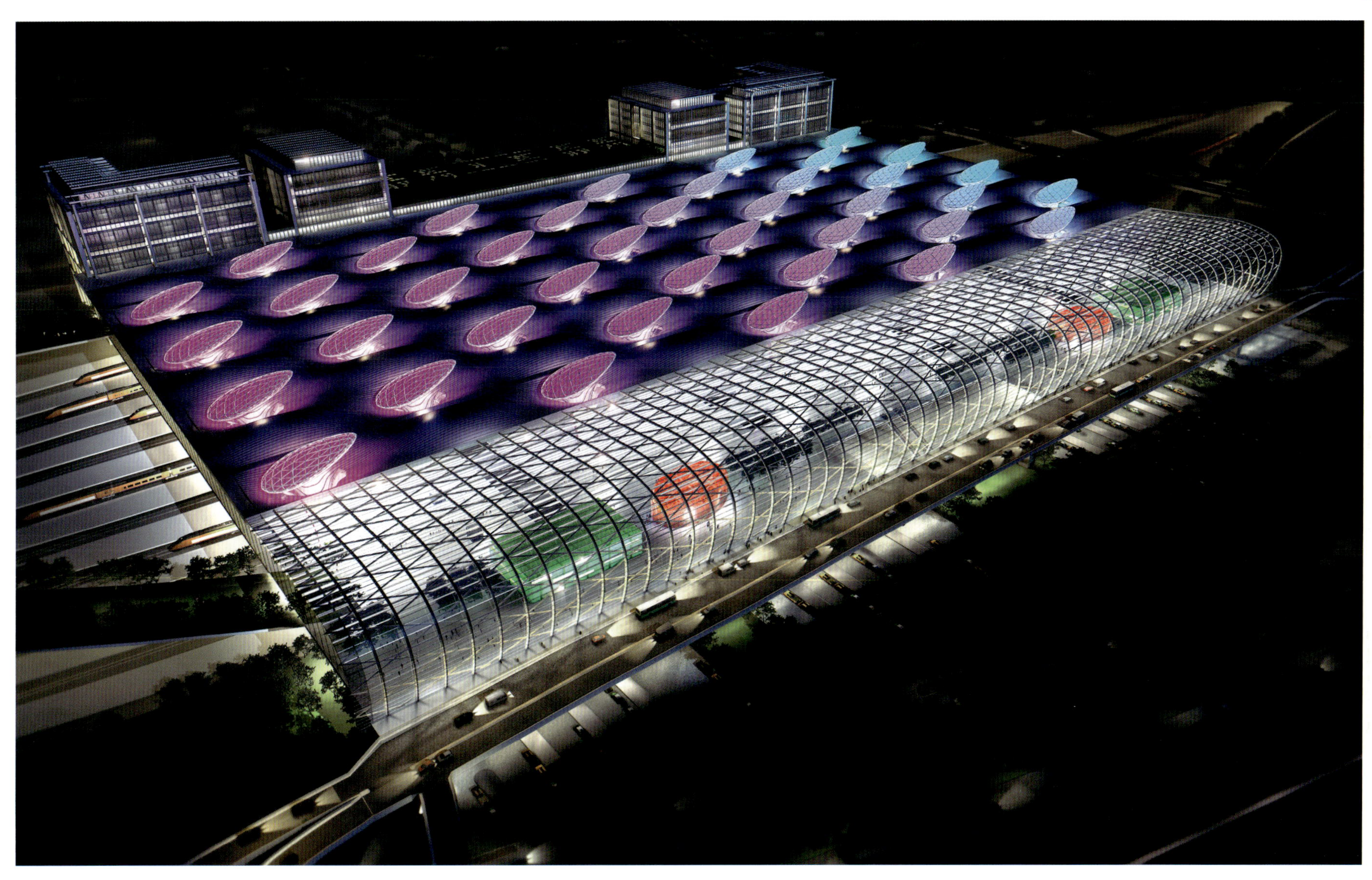

印度的人口不断增长，其铁路网络已在各方面得到了改善，以满足不断增长的需求，但其过时的车站却未见改观。这些车站拥挤、混乱、条件恶劣，从现代角度来看，他们在技术（如布局和列车运行）上几乎达不到基本服务的任何方面（如乘客上下车）的要求。

TFP 团队的任务是研究孟买（教堂、孟买中心、班德拉、戈尔甘、达达尔、拜古拉和库拉）的哪些车站可以进行改造和升级，并评估车站的主要问题，如服务效率和通勤交通等方面的重要性，研究目的在于缓解交通拥挤，促进车站内外客流和车流量，以及在流通区域内提供更快捷的综合换乘，研究控制和安全系统，以及为现代车站准备概念设计，使其满足国际标准。

印度铁道部随后决定将 19 个城市中的火车站重建成世界一流的车站，改善目前形势。

>>

新德里站照明夜景设计。

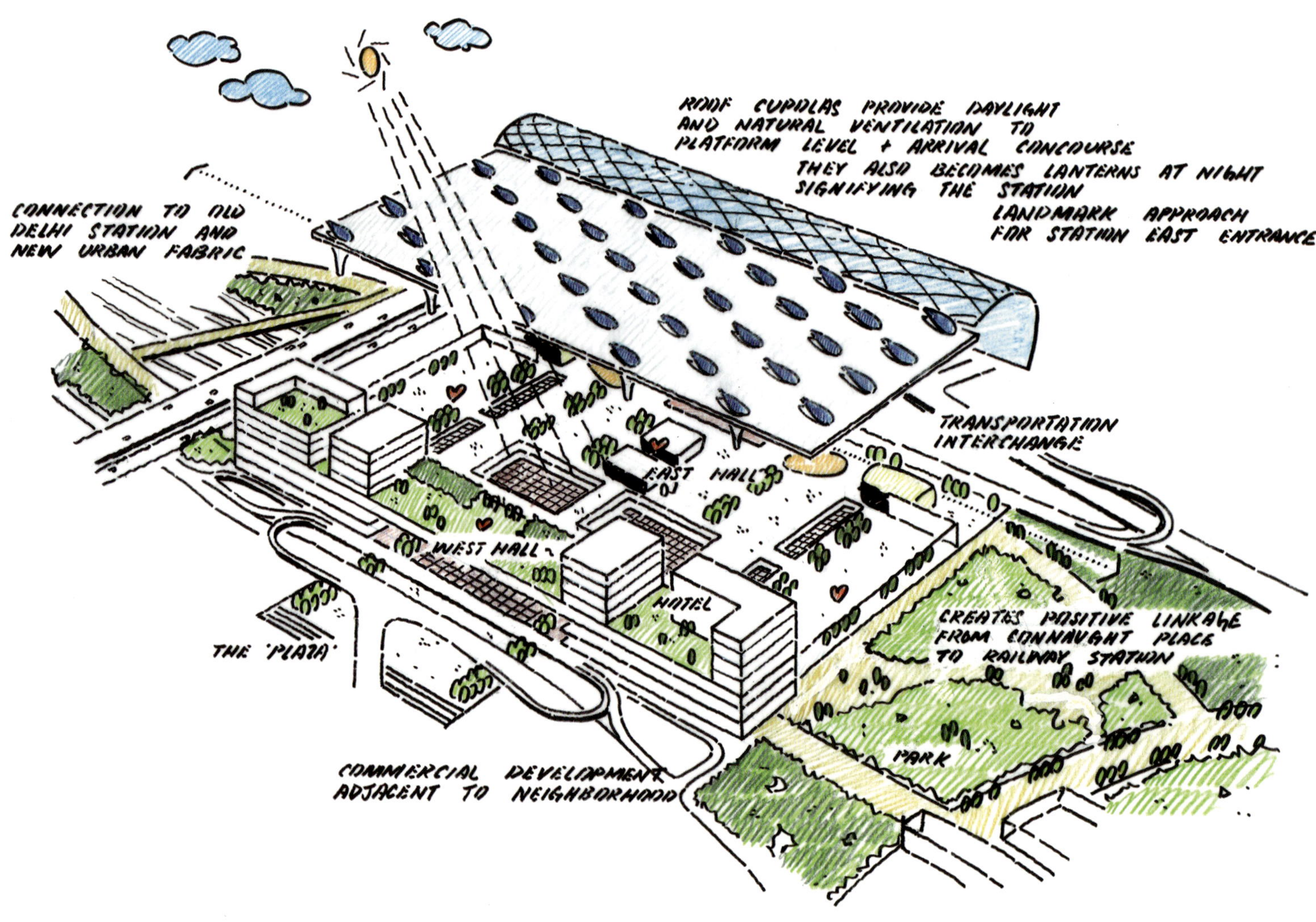

TFP 被指定为新德里站总体规划的设计方和技术顾问（还包括奥雅纳工程顾问有限公司和西门子制造工程中心有限公司），该工程是上述政府计划中的首个项目。高度拥挤的新德里站目前平均客流量为 35 万人，有 256 列车和 12 座月台。尤其是英联邦运动会将在此举行，车站的日均客流量需要达到 100 万人。

TFP 总体规划是现代效率的体现。随着乘客服务设施、列车运行和维护设施的改善，该标志性的交通枢纽可将城市东西部紧紧相连，从而解决老车站无法解决的问题。规划将说明如何以最小的干预度重建老车站及建成南部地区的城市焦点地区，创建新型的邻里关系。它将遵从香港相关产业开发模式，并藉由房地产作为铁路的资金来源。

该项目体现了 TFP 场所营造理念：融合新旧研究方式，重新连接并恢复一个城市的活力，为车站上盖和周围区域的地产开发潜力提供机遇，以及创造收益并恢复公众对该地区的兴趣。

该分析图说明了如何将大厅和景观设计在一座建筑物内。

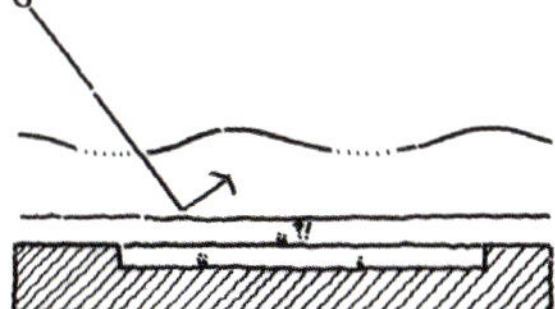

根据离站大厅的区域要求，月台和到站大厅无日光或自然通风。

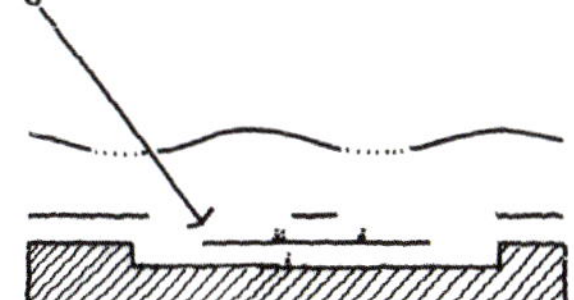

在候车大厅地面设计开口，使日光可以照射到地下出站大厅。

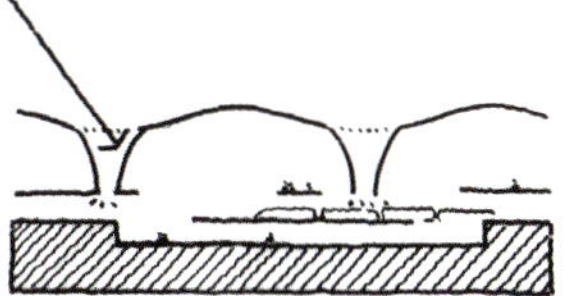

漏斗构造可使日光照射到站台层。

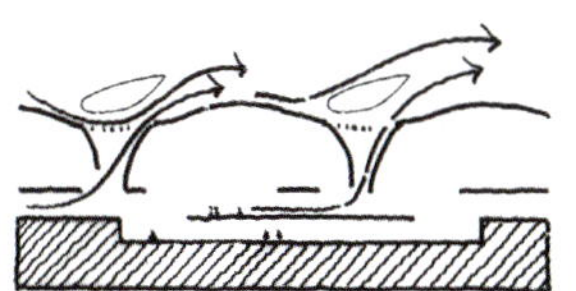

漏斗形设计可同时产生双重效果，降低站台的室内温度及提供自然通风，以利于人体舒适度。

醒目的漏斗状柱体散射自然光（**中图**）。 灯光和通风研究（**下面四图**）。

车站外观和落客区（**右上图**）。

项目及人员索引

索 引

· 香港的业务及人员
· 获奖情况 · 工程列表
· 精选项目 · 图片出处

香港业务及人员

STEWART ABEL CHARLOTTE ANDERSON JOHN ANDREWS JOHN BARBER CHUCK BARGUIRDJIAN KEITH BARRELL MICHAEL BARRY KEVIN BEGG PAUL BELL DUNCAN BERNSTEN STUART BERRIMAN DAVID BEYNON MARK BINGHAM TONY BLAZQUEZ DEREK BOON ERIK BRASSE TOBY BRIDGE STEVEN BROWN SHAWN BRUINS RICHARD BURLEY AMANDA BYRNE PAUL BYRNE JOHN CAMPBELL DARREN CARTLIDGE ALAN CHAN CARRIE CHAN DOMINIC CHAN ERIC CHAN MARGARET CHAN BRIAN CHANTLER GIGI CHAO KEVIN CHAO CHRISTOPHER CHESTERTON IRENE CHENG ALAN CHIM EUGENE CHING ANGIE CHOI LINA CHONG SONIA CHOW GEORGE CLARKE DON CONNING MAX CONNOP ALAN COOK SIMON CORBETT VINCENT CHOI SILVANO CRANCHI JAYA DASWANI EMMA DAVIS SIMON DAVIS BERTIL DE KLEYNEN KAREN DE WAAL TOBY DENHAM MIKE DRAKE EUGENE DREYER CHRIS DYSON KATE EDWARDS JEFFREY ELLIOTT GAVIN ERASMUS GRAHAM FAIRLEY TIMOTHY FANG JO FARRELL TERRY FARRELL KATHLEEN FEAGIN MURDO FRASER FRED FUNG ANGUS GOBLE FELICITY GOOD MICHELLE GRAHAM IVAN GREEN MICHAEL GRIMSHAW CHARLES HO JIM HOLLAND RAY IP CHRISTIAN JOHANNESSEN MAGGIE JONES ATUL KANSARA RAKESH KAPUR RAMINDER KAUR GILLIAN KEARNEY NICKY KELLEHER NAJEEM KHAN TOM KIMBELL MICHAEL KLOIHOFER STEFAN KRUMMECK ERIC KURTZMAN POLLY KWAI RITA KWOH TANNI LAM WINNIE LAM BENJAMIN LAU CHERIE LAU JACKY LAU LOUIS LAU MOLLY LAW ROY LAW VOON HOONG LAY ANTHONY LEE BECKY LEE BELLE LEE ELLEN LEE LYDIA LEE QUENIFER LEE RAYMOND LEE SARAH LEE

主席 泰瑞 · 法瑞爵士

泰瑞 · 法瑞是全球知名的建筑师和城市规划师，被誉为英国最成功的建筑规划师之一，分别在伦敦、爱丁堡和香港设有办事处。在 40 多年的业务实践中，他为不同城市设计了标志性的并屡获殊荣的建筑，包括伦敦，爱丁堡、曼彻斯特、香港、深圳、上海、新加坡和首尔。目前，他正致力于一座新型环保水族馆和一片大型滨水住区的设计工作，两个项目都位于伦敦，并在近期英国政府为了加强和改善欧洲最大的更新区域——泰晤士河口地区举行的设计中脱颖而出，获得政府委托。

Gavin Erasmus 董事 香港

Gavin Erasmus1992 年加入 TFP 建筑设计公司，在将设计和项目管理系统应用到大型而复杂的设计和施工的整个过程方面，有 20 多年的相关经验。他参加过公司各个业务区域内的大量项目，如香港九龙站和西铁，大梅沙喜来登酒店及中国内地新广州站、南非豪登车站和迪拜商业港等。他负责公司事务和质量管理体系，并重点负责所有项目的客户联系、合同和设计管理等事宜。

精选项目

柏联别墅，北京

宝安区总体规划，深圳

天津嘉里总体规划，天津

苏州科技文化艺术中心，苏州

海运大厦，香港

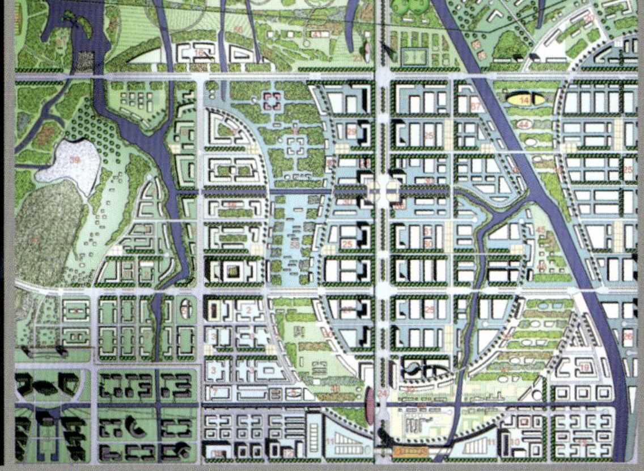

无锡总体规划，无锡

国家图书馆二期，北京

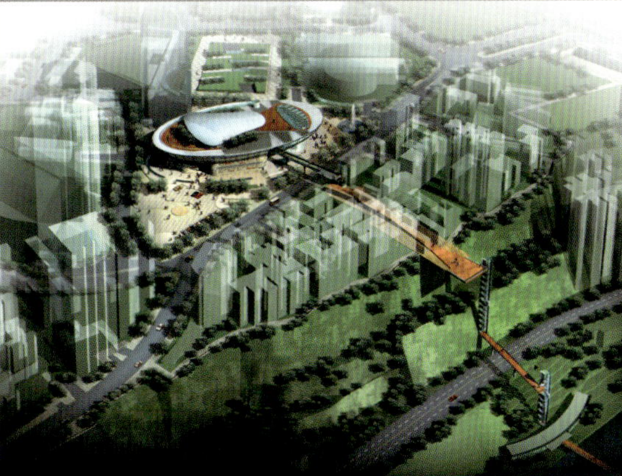

国泰大剧院，重庆

珀斯理查森酒店

工程列表

1991 >TFP成立—香港办事处

凌霄阁/香港/1991–1997

九龙站及总体规划/香港/1992–1998

英国总领事馆与英国文化委员会/香港/1992–1996

九龙通风塔/香港/1992–1998

先施保险大厦*/香港/1994

弥敦道大厦*/香港/1994

蛇口总体规划/深圳/1994

皇后大道总体规划/香港/1994

H大厦/首尔/1995–1999

Y大厦*/首尔/1995–1999

榜鹅站/新加坡/1996–2001

天星码头重建*/香港/1996

Landmark Tower*/香港/1995–1997

地铁坚尼地城可行性研究（西港岛线）/香港/1995–1996

九广铁路西铁站方案设计及总体规划（西九龙、锦田、落马洲、荃湾西、钦州街和美孚站）/香港/1996–1999

西九龙客运大楼/香港/1995

仁川机场运输中心/首尔/1996–2002

九广铁路东铁支线/香港/1997–1998

Maritime广场滨水区总体规划及建筑*/新加坡/1998

国家大剧院*/天安门广场，北京/1998

MTRC车站改造项目/香港/1998–2001

荃湾西站/香港/1997–2003

山东国际会展中心/青岛，中国/1997–2001

广州日报文化广场*/广州/1998–2001

1991 – 1992 – 1993 – 1994

1995 – 1996

1997 – 1998 – 1999

* 规划

九龙南线物业开发研究/香港/2001–2002

九龙南线站可行性分析/香港/2001

九龙站/香港/2002–2004

柏联别墅/北京/2001–2002

孟买交通运输项目/孟买，印度/2002–2005

临沂市总体规划/临沂，中国/2002–2003

无锡生命科技园/无锡，中国/2002–2003

海珠岛填海总体规划/深圳/2000

摩星岭别墅/香港/2002–2004

华尔登广场/上海/2002–2004

2000

2001

2002

SHAREN LEE PABLO LEPPE FELIX LI MIRANDA LI WILSON LING SARAH LOCKWOOD CHEONG KEI LU JULIA LOU CONNIE LUK GARY LUI JESSICA MA KEITH MA JULIE MACKENZIE ROBERT MACKENZIE KEITH MACRAE HARVEY MALE CINDY MARSHALL SUE MARTIN DARREN MARYON ANCA MATYIKU MATTHEW MCCALLUM BRIAN MEEKE PING MEI GREGORY MERTEN CAROLINE MILLAR ROSS MILNE DIRK U. MOENCH AZHAR MOHAMMED DORIS MOK SIMON MOLES MEL MONG PETER MORLEY CATHERINE MURPHY TIMOTHY NAREY TERENCE NG PATRICK NG PATRICK O'ROURKE TOLGA HAN OZBILEN DANIEL PATZOLD ALEX PEAKER IAN PERRINS MEI PING PHETCHARAT PORNBOWORNKIAT RICHARD PORTCHMOUTH STEPHEN POWER DAVID PRINGLE RABBI REHMAN JAMES RICHARDSON DONNA L. RIDDINGTON JOHN RIEL PAUL ROGERS RAJ ROOPRAI MALCOLM SAGE MARTIN SAGER LEE SCHMIDTCHEN PAUL SCROGGIE ANDREW SHIELDS HAE WON SHIN MARK SHIRBURNE-DAVIS JOSHUA SIN BENNY SIU STEVEN SMITH JASON SPEECHLY-DICK ELAINE STEVENSON MIKE STOWELL DOUG STREETER RICHARD TAN CEDRIC TANG SHIU TANG ASHOK TENDLE FRANÇOIS THIBAUDEAU TIM THOMPSON JANE TOBIN AMY TSANG MANDY TSANG WINNIE TSANG VIVIEN TSANG CARMEN TSE MIMI TSE WING SAI TSUI MARKUS VILSMAIER JACINTA VINES DANIEL VOELKER FRANCIS WALKER CONNIE WAN ADRIAN WATSON NICK WILLARS CAREY WONG DENNIS WONG ENID WONG JANICE WONG JOEY WONG LARRY WONG RODNEY WONG SHEREE WONG STEVE WONG CHEN WU LEE MAN YAU CHRISTOPHER YEE CELIA YING SAMUEL YIP GARY YOUNG NIGEL YOUNG PATRICK YUE CANNY YUEN JOHN ZASTERA GREGOIRE ZUNDEL

Stefan Krummeck 董事 香港

Stefan Krummeck 已为公司服务已逾 20 年，在伦敦和香港公司工作过。随着 1992 年作为九龙站设计建筑师工作以来，Stefan 在多功能开发和综合运输相关的基础设施项目的设计理念、规划和施工上积累了丰富的专业经验，自此以后，他领导并协调了大量枢纽工程，如上海环球金融中心、首尔仁川国际机场底面运输中心、新德里车站总体规划等。目前，他正领导深圳京基金融中心及北京南站和新广州站等项目的设计工作。

John Campbell 技术总监

John Campbell1987 年加入 TFP 建筑设计公司，详细工作内容包括技术鉴定、资源评估、费用及合同谈判以及公司三个办事处的所有项目的图纸、规格和可行性审定。还代表公司高层参加新项目谈判和提交竞赛资料，以及在完工前指导已建工程的检验和质量控制工作。John Campbell 是许多委员会的成员，包括英国皇家建筑师学会（RIBA）、英国标准协会、英国办公和幕墙技术委员会及英国贸易与投资委员会。

蛇口物流中心，深圳

中洲大厦，深圳

南山商业文化中心，深圳

天津站，天津

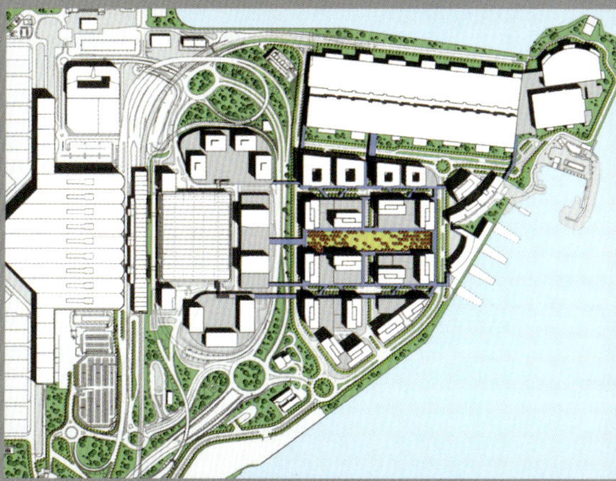
航天城第三期总体规划，香港

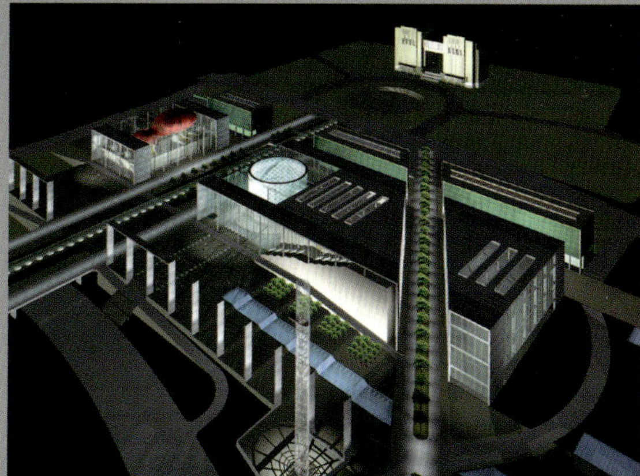
青岛国际会展中心，青岛

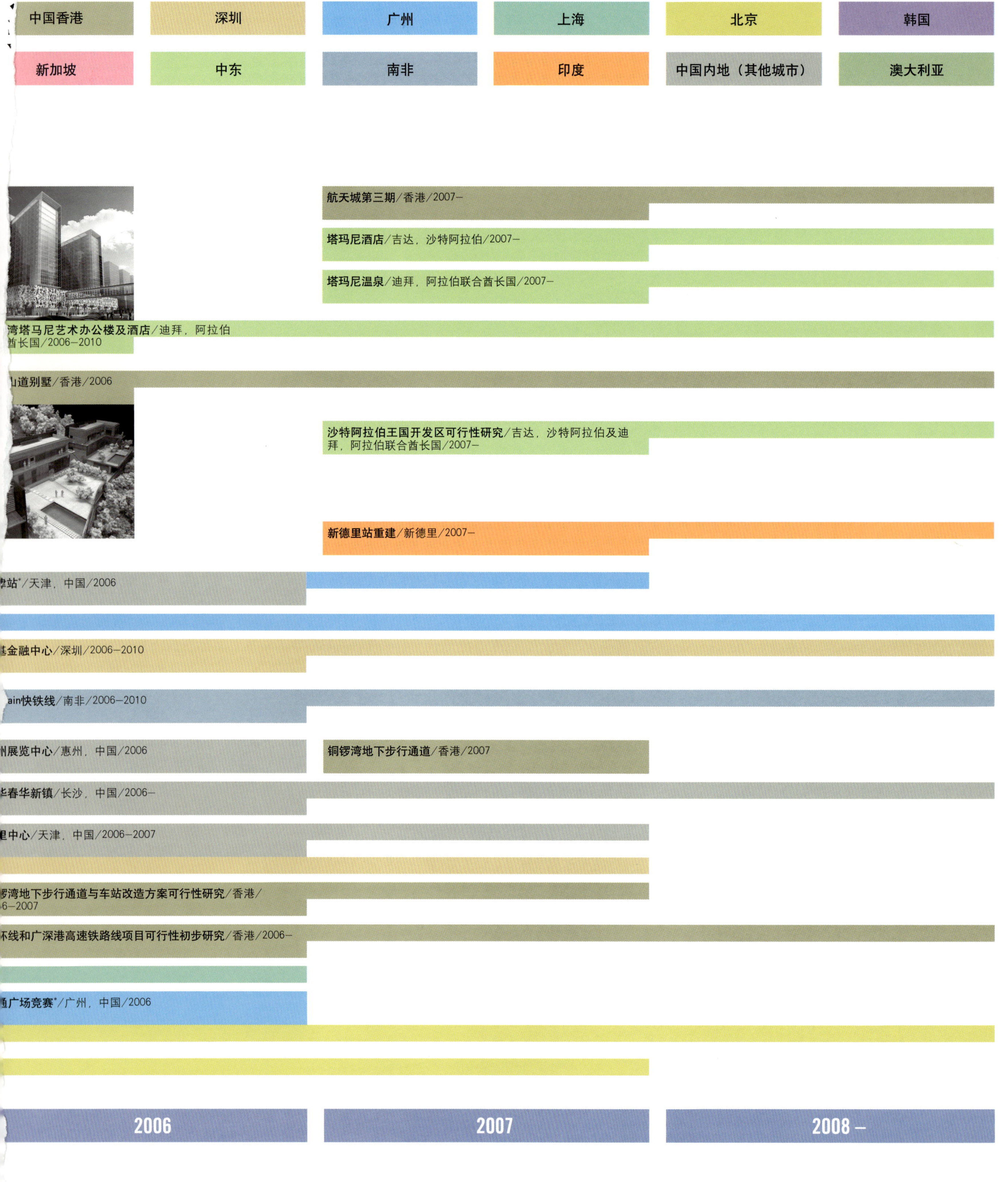
中国香港
深圳
广州
上海
北京
韩国
新加坡
中东
南非
印度
中国内地（其他城市）
澳大利亚
航天城第三期/香港/2007–
塔玛尼酒店/吉达，沙特阿拉伯/2007–
塔玛尼温泉/迪拜，阿拉伯联合酋长国/2007–
湾塔马尼艺术办公楼及酒店/迪拜，阿拉伯
酋长国/2006–2010
山道别墅/香港/2006
沙特阿拉伯王国开发区可行性研究/吉达，沙特阿拉伯及迪
拜，阿拉伯联合酋长国/2007–
新德里站重建/新德里/2007–
站"/天津，中国/2006
金融中心/深圳/2006–2010
ain快铁线/南非/2006–2010
展览中心/惠州，中国/2006
铜锣湾地下步行通道/香港/2007
春华新镇/长沙，中国/2006–
中心/天津，中国/2006–2007
湾地下步行通道与车站改造方案可行性研究/香港/
6–2007
线和广深港高速铁路线项目可行性初步研究/香港/2006–
广场竞赛"/广州，中国/2006
2006
2007
2008 –

广铁路沙田至中环站与铜锣湾北站/香港/2003–2004

邱永进大学Chilgok校区/韩国/2003

国平安人寿保险竞赛*/上海/2003

港海运大厦新翼竞赛*/香港/2003

德中心/深圳/2003–2005

京国家图书馆二期竞赛*/北京/2003

园饭店–高档零售商业中心*/上海/2003

州南站/广州/2003–2010

明岛总体规划/上海/
03–2004

理查森酒店/珀斯/
2003–2005

浦大学生活工作区6–6地块/上海/2003–2005

京南站/北京/2003–2008

苏州科技文化艺术中心*/苏州/2004

国立果川科学馆*/韩国/2004–2005

京基金融文化中心研究/深圳/2004

中海广场/北京/2004

南京东路179街区重建计划/上海/2004

梅龙镇二期开发*/上海/2004

浦东世纪大道商业开发区研究（第一和第二期）*/上海/2004

苏州工业园金鸡湖岛‘B’/苏州，中国/2004

宝安区总体规划研究/深圳/2004

大梅沙京基喜来登度假酒店/深圳/2004–2007

世运总体规划设计/韩国/2004

东亚银行金融大厦/上海/2004–2009

扬州皇家乡村俱乐部/扬州，中国/2004

中国石油集团总部/北京/2004–2007

杭州邮政科技大厦*/杭州，中国/2005

URA西营盘开发区竞赛*/香港/2005

阿尔伯拉里开发区*/迪拜，阿拉伯联合酋长国/2005

半山住宅大厦重建计划*/香港/2005

番禺映蝶蓝湾/广州/2005–2007

SEC公共关系中心与数码多元大学*/韩国/2005

Julai'a度假酒店总体规划及设计/科威特/2005

中国美术馆新馆竞赛/北京/2005

迪拜公园广场*/迪拜，阿拉伯联合酋长国/2005

商
联

天

京

G

惠

楚

嘉

铜
200

北

利

2003

2004

2005

奖项

2009
中国建筑学会建筑创作大奖
北京南站

北京市建筑工业联合会北京当代十大建筑
北京南站

美国建筑师学会香港设计大奖
北京南站——建筑优异奖

英国建筑工业奖
北京南站——最后入围

世界机场调查
韩国仁川国际机场——世界最佳机场

世界建筑节大奖
北京南站——最后入围

英国皇家建筑师协会（RIBA）奖
北京南站——国际奖

2008
香港建筑师学会年奖
北京南站——最后入围
深圳大梅沙京基喜来登度假酒店——最后入围

Cityscape 中国地产大奖之最佳开发商
深圳大梅沙京基喜来登度假酒店——最佳开发商： 滨水地区开发大奖

2007
MIPIM 亚洲大奖
深圳大梅沙京基喜来登度假酒店——最后入围

2006
公众信誉奖
曼彻斯特绿色大楼——可持续性项目

MIPIM 大奖
伦敦内政部——最佳国际房地产项目的商务中心

设计周大奖
伦敦内政部——最佳工作环境 最后入围

苏格兰设计奖
Whiteness，Inverness——环境营造 推荐

伦敦区测量师协会
伦敦内政部——大型商业项目 推荐

领先欧洲建筑师论坛
曼彻斯特绿色大楼——最佳可持续环境项目

星期日邮报国家建房设计奖
曼彻斯特绿色大楼——最佳创新技术 最后入围

再生奖（建设／建筑设计／物业周刊赞助）
伦敦瑞士别墅——最佳综合项目 最后入围

2005
英国建筑工业奖
伦敦内政部——总理公共建筑奖 最后入围

英国皇家建筑师协会（RIBA）奖
伦敦内政部

香港建筑师学会年奖
香港摩星岭别墅 —— 最后入围
韩国仁川机场运输中心——最后入围

混凝土学会
伦敦内政部——优异建筑项目证书

工业代理商协会／办公室代理协会（物业周刊赞助）
伦敦内政部——最佳伦敦中部发展项目

领先欧洲建筑师论坛
伦敦内政部——最佳公共建筑奖

2004
公众信誉奖
赫尔河上金斯顿之 Deep 项目——推荐

标准晚报奖
Petersham 别墅——最佳豪华住宅

古尔本基安博物馆奖
苏格兰国家现代艺术展览馆 爱丁堡地貌（TFP 与 Charles Jencks 合作设计）

星期日邮报奖
Petersham 别墅——最佳别墅
2004 最佳室内设计
最佳小型房屋发展 推荐

2003
博物馆和遗产优胜奖
赫尔河上金斯顿之 Deep 项目

2002
公众信誉奖
国际生命中心

欧洲宾馆设计奖
爱丁堡喜来登豪达酒店温泉——最佳的新型酒店／现有酒店的扩展

休闲物业奖
赫尔河上金斯顿之 Deep 项目——最佳的政府资助部门投资休闲项目

2002 年度物业广告策划营销和设计奖
10 年 10 座城市——特别评价奖和最佳企业宣传册

英国皇家建筑师协会（RIBA）奖
赫尔河上金斯顿之 Deep 项目——白玫瑰奖

2001
国际最佳立交奖
九龙车站——2001 年交通一体化奖

2000
英国建筑工业奖
国际生命中心（1、2 期）——最后入围

纪念建筑成就奖（东北）
泰恩河上的纽卡斯尔国际生命中心

第 8 届建筑铜奖
泰恩河上的纽卡斯尔国际生命中心——推荐

千禧年式样奖
纽卡斯尔东码头区

香港建筑师学会年奖
新凌霄阁——香港十大优秀建筑选举 2000

1999
BURA 最佳实践奖
纽卡斯尔码头区

市长设计奖
纽卡斯尔码头园林绿化和便利性类（一期）——推荐

苏格兰博物馆奖
迪安艺术长廊——高度推荐

1998
公众信誉奖
纽卡斯尔码头区——城市设计奖

RTPA 空间奖
纽卡斯尔码头区

1996
建筑五金商规范竞赛
爱丁堡国际会议中心——公共建筑类优胜者

公众信誉奖
爱丁堡国际会议中心

塞恩斯伯里哈洛——推荐

英国皇家建筑师协会（RIBA）奖
爱丁堡国际会议中心

1995
爱丁堡建筑学会
爱丁堡国际会议中心——设计奖 银牌

英国皇家建筑师协会（RIBA）奖
塞恩斯伯里哈洛

1994
美国城市设计 AIA（美国建筑师协会）奖
派特诺斯特广场总体规划

英国文化委员会奖
河堤广场

公众信誉奖
塞恩斯伯里哈洛

1993
欧洲结构钢奖
河堤广场

1992
威斯敏斯特学会奖
河堤广场 —— 最佳新型建筑

1991
公众信誉奖
烟草码头

英国建筑工业奖
河堤广场——第二名

钢结构设计奖
查灵交叉路口的开发——推荐

英国皇家建筑师协会（RIBA）奖
查灵交叉路口的开发

英国皇家建筑师协会（RIBA）国家奖
查灵交叉路口的开发

规划成就 RTPI 奖
河堤广场——推荐

钢结构设计奖
查灵交叉路口的开发

图片出处

除文中另有说明，所有图片均由TFP Farrells 公司提供。

第11页
Mike Clarke / AFP Collection / Getty Images

第13页
地图版权属香港特区政府，经地政总署准许复印，版权特许编号02/2010。

第20页
(左图为)《南华早报》的照片，编号为1771343
(右图为)Image 28

第22–23页
Image 28

第26–27页
地图版权属香港特区政府，经地政总署准许复印，版权特许编号02/2010。

第31页
(左图为)(香港)奥雅纳工程顾问公司
(中上图和右上图为)九广铁路公司

第33页
Stuart Wood

第35页
(上图为)(香港)奥雅纳工程顾问公司
(下图为)Stuart Wood

第36–37页
Carsten Schael

第39页
(照片)英亚传媒有限公司
(图片)(香港)奥雅纳工程顾问公司/Nigel Whale

第46–47，50–53页
(页内的所有照片)
Carsten Schael

第57页
Digital Vision/ Getty Images

第59，61页
(所有图片)Carsten Schael

第62页
Peter Mealin/大梅沙京基喜来登度假酒店

第63，66–69页
(所有图片，除66页右下图)Carsten Schael

第80页
Carl Mydans / Time & Life Pictures / Getty Images

第81页
Greg Elms / Lonely Planet Images / Getty Images

第88页
(上图为)南方都市报–刘可摄影

第95页
Image Source Pink / Image Source / Getty Images

第96，98–99页
(所有图片)Paul Dingman

第100页
Carsten Schael

第114页
(左图为)
Kate Kunath / The Image Bank / Getty Images
(中图为)
Forrest Anderson / Time & Life Pictures / Getty Images

第116页
(上图为)周若谷建筑摄影
(下图为)奥雅纳/周若谷建筑摄影

第119页
(上图和左下图为)傅兴工作室
(中下图和右下图为)周若谷建筑摄影

第120–121页
(除左上图外的前两排)傅兴工作室

第122–123页
傅兴工作室

第124，126–127页
傅兴工作室

第136页
(左图为)
Jeremy Woodhouse / Digital Vision / Getty Images

第139页
(下排为)Kim Jaen Youn

第140页
Young Chea

第141页
Kim Jaen Youn

第142–143页
Kim Jaen Youn

第145–146页
Park Young Chea

第162页
Guy Vanderelst / Photographer's Choice RR / Getty Images

第165–169页
(所有图片) Tim Nolan

第172页
Karim Sahib / AFP / Getty Images

第173页
Martha Camarillo / Reportage / Getty Images

第187页
(左上图为)Martin Harvey / Gallo Images / Getty Images
(右上图为) Martin Harvey / Digital Vision / Getty Images
(下图为)Laurence Hughes / The Image Bank / Getty Images

第196页
(上图为)Prakash Singh / AFP / Getty Images
(左下图为)Thomas Brown / Digital Vision / Getty Images
(右下图为)Rob Elliott / AFP / Getty Images

第197页
Panoramic Images/ Getty Images

本书一般资料和统计来源于Wikipedia和BBC全球网络中心。

笔记

笔记

建筑、城镇和城市是我们居
如宗教、音乐艺术或政治一
义远不止于此：它们在表达
的并且与公众分享着它们的
建筑和都市都是我们最伟大